农产品质量检测技术

主　编　朱　畅
副主编　白　娜　刘小朋　宗　蕾
参　编　李　伟　高兴宇　王　昕

北京理工大学出版社
BEIJING INSTITUTE OF TECHNOLOGY PRESS

内容提要

本书是理实一体、数字化活页式教材，可与“学银在线”农产品检测技术在线开放课配套使用，实施线上线下混合式教学。全书共6个具体的检测项目，项目内容来自企业真实检测项目，以及近年来的省赛、国赛和行指委比赛的检测项目，对应6种常用精密仪器，分别对食品农产品中的营养素、重金属含量、药物残留、添加剂含量进行检测分析。本书在内容编写过程中将岗课赛证所需知识、技能、素质要求穿插其中，还可通过扫描二维码观看相关操作视频、国家标准等学习资源，可操作性强，直观易懂，便于教与学。

本书适合高等院校农产品加工与质量检测专业、食品检验检测技术专业、食品质量与安全专业、食品智能加工技术等专业，结合校内线下教学开展混合式教学，也适合弹性学制的个性化学习需求。

图书在版编目（CIP）数据

农产品质量检测技术 / 朱畅主编. -- 北京：北京理工大学出版社，2023.7

ISBN 978-7-5763-2575-1

Ⅰ. ①农…　Ⅱ. ①朱…　Ⅲ. ①农产品－质量检验　Ⅳ. ①S37

中国国家版本馆CIP数据核字（2023）第123773号

出版发行 / 北京理工大学出版社有限责任公司
社　　址 / 北京市丰台区四合庄路 6 号院
邮　　编 / 100070
电　　话 / （010）68914775（总编室）
（010）82562903（教材售后服务热线）
（010）68944723（其他图书服务热线）
网　　址 / http：//www.bitpress.com.cn
经　　销 / 全国各地新华书店
印　　刷 / 河北鑫彩博图印刷有限公司
开　　本 / 787 毫米 × 1092 毫米　1/16
印　　张 / 13
字　　数 / 305 千字
版　　次 / 2023 年 7 月第 1 版　2023 年 7 月第 1 次印刷
定　　价 / 88.00 元

责任编辑 / 多海鹏
文案编辑 / 邓　洁
责任校对 / 刘亚男
责任印制 / 王美丽

图书出现印装质量问题，请拨打售后服务热线，本社负责调换

前　言 Preface

本书是理实一体、数字化活页式教材。所谓一体化教学的指导思想，是指以国家职业标准为依据，以综合职业能力培养为目标，以典型工作任务为载体，以学生为中心，根据典型工作任务和工作过程设计课程体系与内容，培养学生的综合职业能力。数字化活页式教材是旨在帮助学生实现有效学习的一种重要工具，其核心任务是帮助学生学会如何工作。无论是教师教学还是学生学习，都能按照企业实际工作流程一步一步完成任务，真正做到一体化教学。

本书是农产品检测技术精品在线开放课配套教材，在整体结构、内容选取、编排、组织上突出“立足实践、突出实用、指导实战”的教学理念，在编写过程中将岗课赛证所需知识、技能、素质要求穿插其中。全书共设计6个具体的检测项目，项目内容来自企业真实检测项目，以及近年来的省赛、国赛和行指委比赛赛项，对应6种常用精密仪器，分别对食品农产品中营养素、重金属含量、药物残留、添加剂含量进行检测分析。

依据先进的教学理念与教学规律，我们将每个检测项目分为“技能基础”和“项目任务”两个部分。其中，“技能基础”部分主要介绍仪器基本操作技术和定量定性分析原理。按照“基础方法理论—仪器结构—仪器基本操作训练—定量实验技能训练—定量定性理论”的思路架构，侧重练习仪器基本操作技术，学习相关方法理论，打好技术理论基础。“项目任务”部分采用任务驱动教学，按工作任务实施流程展开教学，按照“明确检验方法—准备试剂器材—试样处理—上机检测—数据分析—实验反思—仪器日常维护保养”的思路架构，侧重在实践中构筑相应的较为系统的技术知识体系。在项目实践过程中，注重培养学生分析、解决问题的能力和独立完成实际产品检验工作的能力，尽力实现学生能够在做中学、学中做的理实一体化学习和认知，而教师则起到引导、协调、提供帮助的作用。本书突出以下特点。

1. 任务实施过程贯穿立德树人、德技并修的教育理念

党的二十大报告指出：“育人的根本在于立德。全面贯彻党的教育方针，落实立德树人根本任务，培养德智体美劳全面发展的社会主义建设者和接班人。”项目任务实施过程突出全面质量观、食品安全法治意识、遵章守纪的职业操守、节约经济的社会责任感和精益求精、细致耐心、严谨求实的意识。如“案例分析”链接了相关的法律法规和国家标准，使学生学习专业知识的同时意识到检验员要知法懂法；“安全小贴士”提醒学生将实验安全铭记于心，对实验风险保持警惕；考核评价环节考核自学程度、操作熟练度、结果精密度、文明操作、团队合作等细节，强化实践育人目标，提升人才培养质量。

2. 借助导图明晰知识技能体系

借助“思维导图”对学习任务的每个环节中应学习的知识和技能进行枚举、排列、归纳与总结，搭建出整个课程的知识、技能系统化网络，突出了“完整的操作技能体系和与之相适应的知识结构”的职业教育理念，直观易懂。学生可以在任务学习前对即将学习的知识技能框架有初步了解，在学习完成后进行体系架构的回顾，也可根据个人需要对导图内容进行细节补充。

3. 活页式教材与数字化资源有机结合

借助二维码将平台视频颗粒化、仪器使用说明简约化、对相关国家标准做细节注释，帮助学生理解和自学，了解国家标准的细节内容，学会独立进行实验的准备和实施。学习资源丰富多样，利于提升学习能力。本课程网络学习平台在“学银在线”（https://www.xueyinonline.com）上线，课程名称“农产品检测技术”，更多学习资源可以关注食品伙伴网（http://www.foodmate.net/）、色谱学堂（http://www.chromclass.com/）和相应微信公众号。

4. 评价反思将分数评价和文字描述相结合

任务考核评价表设计了评价表、反思栏两部分。评价表由学生对知识技能点及职业素养进行自我评分；反思栏由学生回顾实验细节，做文字评价，能对检测过程中的关键技术要点进行回顾，对结果异常进行判断，分析发现检测过程中产生误差的可能原因；再由教师给予反馈、指导和鼓励。互动评价让教材更具个性和人气，提高教学针对性及考核评价的有效性。

本书的编写由吉林工程职业学院和谱尼测试集团吉林有限公司合作完成。由吉林工程职业学院朱畅主编，负责全书的设计和统稿，以及项目1、项目3、项目7的编写；刘小朋担任副主编，负责项目2、项目6的编写；白娜担任副主编，负责项目4、项目5的编写；谱尼测试集团吉林有限公司宗蕾担任副主编，负责检测技术顾问工作，提出了大量有益的建议，为本书编写提供了大量有用的资料，并参与了色谱检测方法验证部分的编写工作；李伟、高兴宇参与了数字化资源的编辑、剪辑工作；王昕参与了延伸阅读部分的编写工作。

本书在编写过程中参考了相关专业书籍和资料，一并在此向有关作者深表谢意。对学校各级领导、教师在本书编写和出版过程中给予的支持关心及指导，北京理工大学出版社对本书出版付出的辛勤劳动，在本书出版之际也向他们表示诚挚的谢意。

本书主要适用于高等院校农产品加工与质量检测、食品检验检测技术、食品质量与安全、食品智能加工技术等专业，可与“学银在线”农产品检测技术在线开放课配套使用，实施线上线下混合式教学，也适合弹性学制的个性化学习需求。

由于编者对职教教改的理解和教学经验有限，书中难免存在疏漏之处，恳请各位读者批评指正。

编　者

二维码目录 QR Code Directory

项目 1

项目 2

项目 3

项目 4

代码	类型	名称	页码	代码	类型	名称	页码
4–1	视频	仪器结构原理	4–3	4–10	视频	铅标准曲线的制备	4–24
4–2	文档	习题参考答案	4–6	4–11	视频	铅样品溶液的制备	4–24
4–3	文档	习题参考答案	4–13	4–12	文档	习题参考答案	4–26
4–4	文档	矿泉水中铜的检验依据	4–14	4–13	视频	上机测定	4–28
4–5	文档	矿泉水中铜的检测方法	4–15	4–14	文档	习题参考答案	4–30
4–6	文档	铅的检验依据及限量标准	4–19	4–15	视频	铅数据处理	4–31
4–7	文档	GB 5009.12—2017 食品中铅的测定	4–20	4–16	视频	原子吸收注意事项	4–34
4–8	视频	消解过程	4–20	4–17	视频	原子吸收故障分析	4–35
4–9	文档	习题参考答案	4–22	4–18	文档	习题参考答案	4–36

项目 5

代码	类型	名称	页码	代码	类型	名称	页码
5–1	文档	习题参考答案	5–6	5–9	视频	硒标准曲线的制备	5–22
5–2	文档	习题参考答案	5–13	5–10	文档	习题参考答案	5–23
5–3	文档	汞的检验依据及限量标准	5–14	5–11	视频	原子荧光上机测定	5–25
5–4	文档	食品中总汞和有机汞的测定	5–15	5–12	文档	习题参考答案	5–26
5–5	文档	GB/T 22499—2008 富硒稻谷	5–17	5–13	视频	大米硒数据处理	5–27
5–6	文档	GB 5009.93—2017 食品中硒的测定	5–17	5–14	视频	注意事项	5–30
5–7	视频	大米硒的消解	5–19	5–15	视频	故障排查	5–31
5–8	文档	习题参考答案	5–20	5–16	文档	习题参考答案	5–32

项目 6

代码	类型	名称	页码	代码	类型	名称	页码
6–1	视频	农药概述	6–1	6–6	文档	NY/T 761—2008	6–17
6–2	视频	气相色谱仪结构	6–4	6–7	视频	有机磷农药提取	6–18
6–3	文档	习题参考答案	6–9	6–8	视频	有机磷农药净化	6–18
6–4	文档	习题参考答案	6–15	6–9	视频	有机磷农药上机检测	6–21
6–5	文档	敌敌畏检验依据及限量标准	6–17	6–10	视频	有机磷农药数据处理	6–24

项目 7

目 录 Contents

项目 1　认识农产品质量检测技术

食品安全的源头在农产品，基础在农业，所以必须正本清源，把农产品质量抓好。用最严谨的标准、最严格的监管、最严厉的处罚、最严肃的问责，确保广大人民群众“舌尖上的安全”。

食品安全，首先是“产”出来的，因此要把住生产环境安全关，治地治水，净化农产品产地环境，切断污染物进入农田的链条；其次是“管”出来的，要形成覆盖从田间到餐桌全过程的监管制度。“产”“管”结合的最终目标是农产品质量符合国家标准，即合格。

任务 1　认识课程

任务要求

1. 能够了解食品农产品质量检测指标。
2. 能够知道标准文献的查询方法。重点
3. 能够了解就业岗位要求，清楚课程学习目标。难点

任务导引

认识课程
- 检测项目　农药残留、兽药残留、重金属、微量营养元素、污染物、添加剂、微生物毒素……
- 学习目标

任务内容

1. 了解食品农产品检验项目

现阶段实施食品安全企业自检、监管部门抽检或委托第三方检测公司检测的三位一体的食品安全检验检测体系，并在积极推动食品安全检验检测机构的市场化改革。

有关食品农产品检验类别和检验指标，以及常见检测项目举例，详见表 1–1、表 1–2。

表 1-1　食品农产品检验类别和检验指标

检验产品类别	肉及肉制品、蛋及蛋制品、乳及乳制品、水产及其制品、水果及其制品、蔬菜及其制品、饮料、方便食品、粮食及其制品、食用油脂及其制品、调味品、特殊膳食食品等
检验指标	理化指标、食品添加剂、非法添加、农药残留、兽药残留、污染物、微生物毒素等

表 1-2　常见检测项目举例

指标	检测项目
理化指标	氨基酸态氮、溶剂残留量、钙、硒、镁、维生素
食品添加剂	苯甲酸及其钠盐、三氯蔗糖、丁基羟基茴香醚、胭脂红
非法添加	甲醛次硫酸氢钠、苏丹红、荧光增白物质
污染物	铅、镉、汞、砷、铬、苯并［a］芘
农药残留	乙酰甲胺磷、氧乐果、毒死蜱、甲拌磷、腐霉利
兽药残留	氯霉素、恩诺沙星、克伦特罗、磺胺类、孔雀石绿
微生物毒素	玉米赤霉烯酮、黄曲霉毒素 B1、赭曲霉毒素 A

为了完成检测任务，必须查询并参考现有国家标准，请列举有哪些标准文献查询的方法。

（1）____________________

（2）____________________

（3）____________________

请查询表 1-3 中列举的限量标准，填写对应的标准名称。

表 1-3　常用检测限量标准

标准代号	标准名称
GB 2760	
GB 2761	
GB 2762	
GB 2763	
GB 31650	

2. 如何学好这门课

同学们通过查询招聘网站，了解作为检验员的岗位职责、任职要求。针对本课程谈谈自己的看法，并列举本课程的主要学习目标。

（1）____________________

（2）____________________

（3）____________________

任务 2　认识实验室

任务要求

1. 能够说出常用实验仪器设备的主要用途及注意事项。重点难点
2. 能够对实验室物品进行整理、整顿、清洁，实施初步“5S”管理。重点
3. 能够理解并遵守实验室规章制度。

任务导引

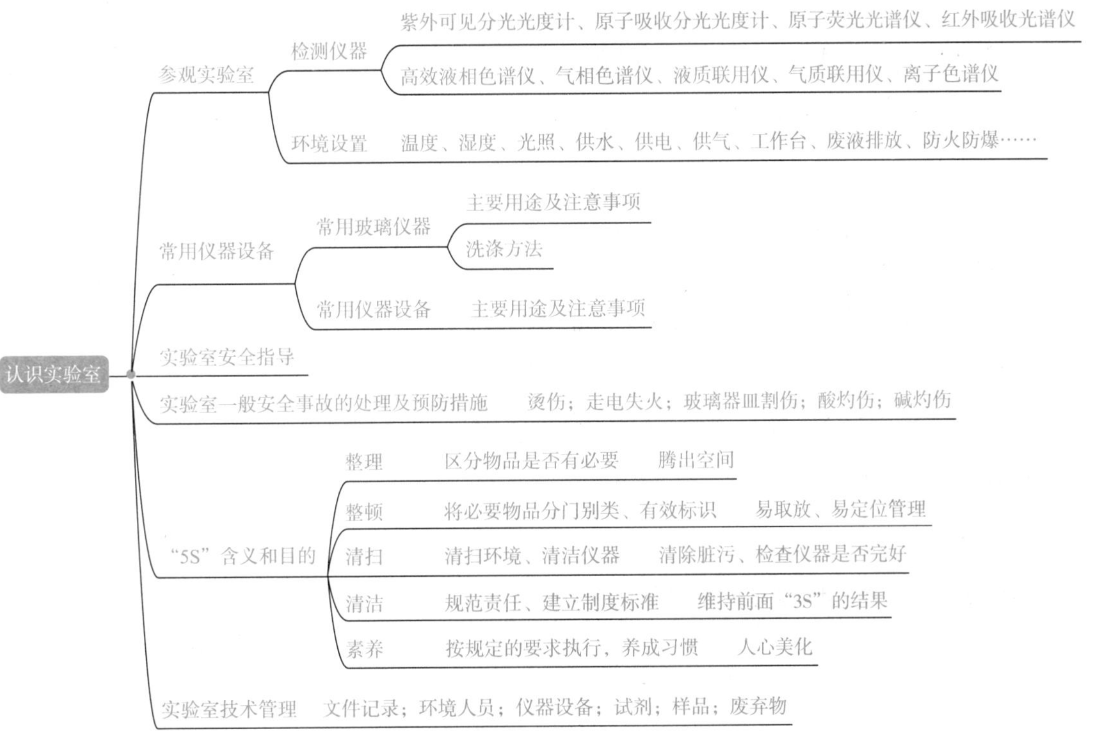

任务内容

1. 参观实验室

实验室应用电化学分析法、光学分析法、色谱分析法对农产品食品的质量进行检测分析。认识相关配套设施和常用仪器设备（表 1–4），了解实验室的环境设置要求（表 1–5）。

表 1-4　实验室常用仪器设备

实验室	常用仪器设备
前处理	pH 计、微波消解仪、恒温电热板、氮吹仪、真空抽滤装置、旋涡振荡器、超声振荡器、旋转蒸发仪、恒温水浴锅、均质机、固相萃取装置、离心机
光谱分析	紫外可见分光光度计、红外吸收光谱仪
原子吸收	原子吸收分光光度计、空气压缩机、高压气体钢瓶、原子荧光光谱仪
液相色谱	高效液相色谱仪、液质联用仪、离子色谱仪
气相色谱	气相色谱仪、高压气体钢瓶、气质联用仪

表 1-5　实验室环境设置要求

环境条件	设置要求
温度和湿度	建议配空调以保证常温和适宜的湿度
光照	精密仪器避免阳光直射，原子吸收实验室需配窗帘
供水	配水龙头
供电	设置单相插座若干，独立配电盘，一般需稳压电源；石墨炉电源要求 220 V/40 A 专门插座
供气	原子吸收实验室需高压气体钢瓶、空气压缩机，设置高压气源室； 气相色谱实验室需高压气体钢瓶，设置高压气源室
工作台	合成树脂台面，防振，大型仪器需离墙 60 cm，方便维修
废液排放	配置废液收集桶，集中处理
防火防爆	配备灭火器
避雷防静电	第三类防雷建筑物，设置良好接地

2. 常用仪器设备

（1）常用玻璃仪器（表 1-6）。

表 1-6　实验室常用玻璃仪器主要用途及注意事项

名称	图例	主要用途	注意事项
烧杯		配制溶液、溶样	加热时杯内溶液体积不超过总体积的 2/3

续表

名称	图例	主要用途	注意事项
锥形瓶（具塞或无塞）		加热处理试样和容量分析	磨口三角瓶加热时要打开塞
量筒		量取一定体积的液体	沿壁加入或倒出溶液；不能在其中配制溶液；不能在烘箱中烘；不能盛放热溶液
容量瓶		配制准确体积的标准溶液或被测溶液	要保持磨口原配；不能加热；漏水不能使用
移液管或吸量管		准确地移取溶液	不能加热；要洗净
称量瓶		低形用于烘样；高形用于称样	磨口要原配；烘烤时不可盖紧磨口；称量时应垫洁净纸条或戴指套拿取
试剂瓶		存放试剂	不能在瓶内配制溶液；磨口要原配；怕光试剂用棕色瓶；取放试剂时瓶塞要倒放台面
滴瓶		存放需滴加的试剂	滴管不可倒置，不要将溶液吸入橡皮头
漏斗		用于过滤装置中	根据需要选择漏斗大小
分液漏斗		分开两相液体；萃取分离和富集	磨口必须原配；漏水不能使用；活塞涂凡士林；长期不使用时磨口处垫纸

续表

名称	图例	主要用途	注意事项
离心管		离心分离	只能水浴加热
比色管		比色分析	非标准磨口必须原配；注意保持壁管透明，不可用去污粉刷洗
比色皿		盛装待测溶液	手持磨砂面；测量用比色皿需配套；紫外光区用石英比色皿；透光面用擦镜纸擦；洗净干燥后装入专用比色皿盒
玻璃研钵		研磨固体试样及试剂	不能撞击；不能烘烤
干燥器		保持物质干燥；干燥制备的物质	底部放干燥剂；盖磨口涂适量凡士林；不可将炽热物体放入；放入物体后要间隔一段时间再开盖，以免盖子跳起

洗涤玻璃仪器的方法很多，应根据实验要求、污物性质和污染程度来选用，具体方法可参考表 1–7。

表 1–7　玻璃器皿常用洗涤方法

常用洗涤液	主要用途	洗涤方法
合成洗涤剂	一般脏污洗涤	洗涤剂浸泡，毛刷刷洗，用水冲洗，洗净的玻璃器皿倒置时，水流出后，器壁不再挂水珠，洁净透明，再用少量蒸馏水或去离子水多次冲洗
铬酸洗液 *	清除不易去除的污物	应使洗涤的器皿与洗涤液充分接触，浸泡数分钟至数小时。洗液用后可倒回原瓶内（当洗液出现绿色时，则失去去污能力，不能继续用），经洗液洗涤后的器皿用自来水冲洗 7 ～ 10 次，最后用纯水淋洗 3 次
硝酸（1+4）或（1+9）	浸泡清洗测定金属离子时的器皿	浸泡过夜，用自来水冲洗，然后用去离子水洗净后使用
* 铬酸洗液配制（100 g/L）：称取 100 g 经研细的重铬酸钾于烧杯中，加入约 100 mL 纯水，沿烧杯壁缓缓加入浓硫酸，边加边用玻璃棒搅动，需防止硫酸溅出，加硫酸至溶液总体积为 1 000 mL。铬酸洗液腐蚀性极强，使用时注意安全		

（2）常用仪器设备（表 1–8）。实验室常用仪器设备主要有电热设备、制冷设备、电动设备等。设备所需电源功率足够，绝缘良好，确保安全，尽量放在隔热稳固的台面。

表 1–8　常用仪器设备主要用途及注意事项

名称	主要用途	注意事项
天平	称量质量	保持清洁干燥；先调水平，预热 20 min，再进行校准，不超过最大负载
超纯水机	制备纯水和超纯水	定期更换、清洗滤芯；避免阳光直射
电热恒温箱	恒温干燥，热处理	不可烘易燃、易爆、有腐蚀性的物品；物体排布不能过密；使用时应经常查看，以防自控失灵
电热恒温水浴锅	加热和蒸发易挥发、易燃的有机溶剂及进行低于 100 ℃ 的恒温实验	水箱保持清洁，定期刷洗，水经常更换，如长时间不使用，应将水排尽，经常检查是否漏电
可调式电热板	功率可调的电加热设备	保持清洁，被加热物若产生腐蚀性或有毒气体，应在通风橱内进行
高温电炉（马弗炉）	有机物的碳化、灰化和质量分析，元素分析的预处理	炉膛保持清洁；坩埚先靠近炉门，降温后再取出；使用时经常查看，以防自控失灵
微波消解仪	样品消解	消解内罐、外罐、支架序号要相同，不要混用，防止密封不紧导致漏气，确保罐口及各接口不漏气；若实验中发现打火，应该立即停机解决；消解后消解罐降温、降压后再取出
超声波清洗机	清洗要求质量高、形状复杂的零配件和器件；进行超声粉碎、超声乳化、超声搅拌、加速化学反应和超声提取等	槽内液体量占槽内容积 2/3 最佳；槽内无液体时禁止启动，以免空振造成仪器损坏
固相萃取装置	成分提取	固相萃取柱与接头应安装配合好；注意玻璃器件安全放置；调整压力或流量阀控制萃取速度
旋涡振荡器	多组分混合均质组分的提取与萃取	使用时调节振荡速度从小到大，小心速度过高使容器内容物飞溅
离心机	将沉淀与溶液、不宜过滤的各种黏度较大的溶液、乳浊液、油类溶液及生物制品等分离	离心管等质量对称放置，套管保持清洁；如发现声音不正常，要停机检查，排除故障后再工作
氮吹仪	浓缩样品	应当在通风橱中使用，以保证通风良好；注意流量调节；不能用于燃点低于 100 ℃ 的物质
旋转蒸发仪	浓缩样品	不允许无水干烧；各磨口、密封面、密封圈及接头安装前都需要涂一层真空脂

填写下列常见器具名称，并说出主要用途和注意事项。

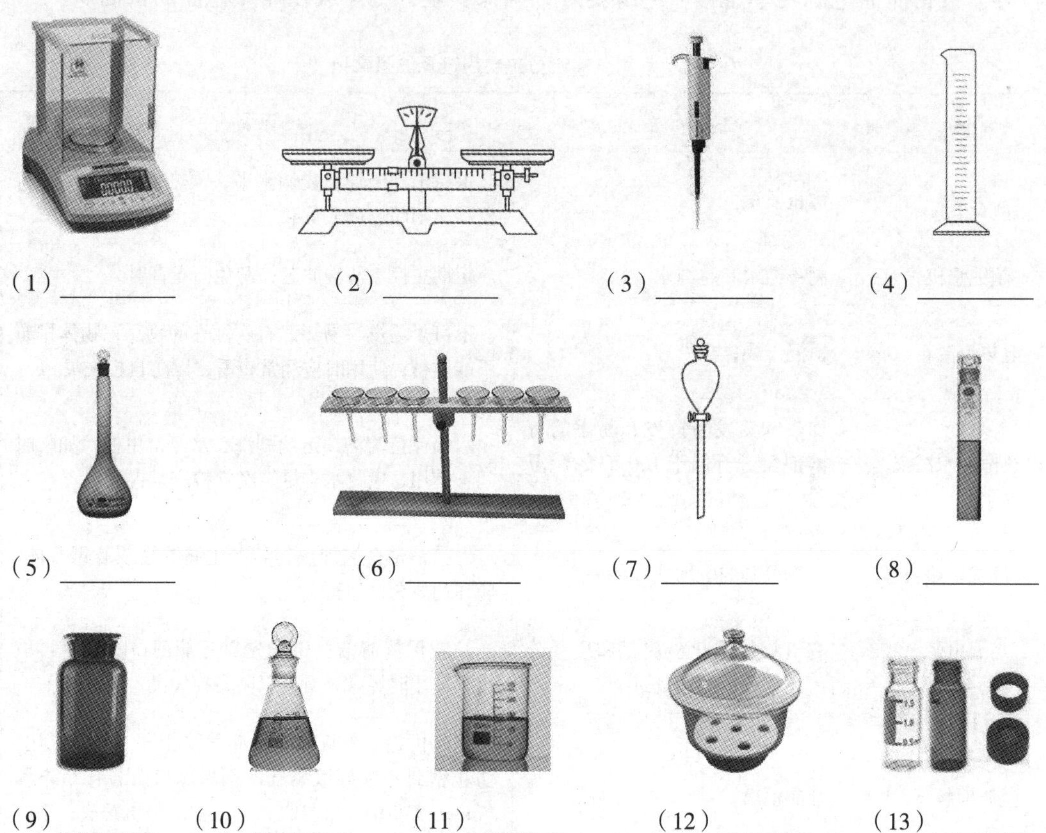

3. 实验室“5S”管理

“5S”管理就是整理（Seiri）、整顿（Seiton）、清扫（Seiso）、清洁（Set-ketsu）、素养（Shitsuke）五个项目。“5S”起源于丰田的工作程序，因日语的罗马拼音均以“S”开头，简称为“5S”管理（表 1-9），现被广泛用于保持工作场所的整洁有序，形成整体氛围的改善。

二维码 1-1
“5S”概念

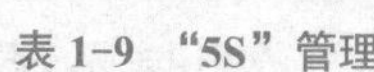
表 1-9 “5S”管理

内容	含义	目的
整理	区分物品是否有必要	腾出空间
整顿	将必要物品分门别类、有效标识	易取放、易定位管理
清扫	清扫环境、清洁仪器	消除脏污、检查仪器是否完好
清洁	规范责任、建立制度标准	维持前面“3S”的结果
素养	按规定的要求执行，养成习惯	人心美化

二维码 1-2
“5S”推行要领

整理是整顿的基础，整顿又是整理的巩固，清扫是显现整理、整顿的效果，而清洁和素养则使实验室形成整体气氛的改善。“5S”管理主要是工作场所的现场管理模式，而作为专业检验员在此基础上还应该明确实验室技术管理的一般要求（表 1-10），更多要求可参考《实验室质量控制规范 食品理化检测》（GB/T 27404—2008）。

二维码 1-3
GB/T 27404—2008

表 1-10　实验室技术管理要求

文件记录	建立易查阅的文件清单，及时更新技术标准；所有记录应予以安全保护和保密，技术记录信息要完整，出现错误应划改，将正确值填写在旁边，并附改动人签名，电子记录采取同等措施
环境人员	配备防护用品和意外伤害所需药品；有效通风，良好采光，适宜温度、湿度等环境条件以满足仪器正常工作需要；实验室无关人员和物品不得进入实验室，实验人员需穿工作服防止污染源的带入，保证人员和设备安全
仪器设备	大型精密仪器应放置在固定合适场所，专人负责建档编号管理；使用人员应经过操作培训，按规程使用，并做好使用记录；出现故障异常应立即停用，分析原因，及时询问专业维修，故障或维修未修复期间贴停用标识
试剂	配制试剂标签要注明名称、浓度、配制日期、有效期、配制人等信息；化学试剂要严格按类存放保管，严控实验室内易燃易爆有毒试剂存放量，剧毒试剂存放保险柜统一管理，登记领用，使用时注意防护
样品	样品应编号登记，加施唯一性标识，及时处理超期的留样，做好处置记录；记录样品必要信息，保证采样数量足够；选择适当的制样方法、存放容器、保存方法，以避免外来污染，保持原来的状态
废弃物	倒入分类废物桶或废液瓶内，危害性废弃物不得带出实验区域，防止污染环境，实验室无法处理的应由专业单位统一处理，做好处置记录

实训任务

实验室的大部分工作是分组或配合完成的，这是为了在节约时间、减少开支的同时，培养团队合作意识，促进数据和结果的讨论学习。

现以小组为单位，对实验室进行整理、整顿、清扫。

1. 整理

整理实验台桌面及实验台抽屉底柜多余杂物；分类整理各类玻璃仪器、辅助设备、卫生清洁用品等。

2. 整顿

对实验室各类仪器、器材、用品分类分区定置存放，贴好标签，方便寻找。

3. 清扫

清扫整个实验室，确认每个小组责任区；建立清扫标准作为规范；制定整个学期实验室值日安排表，具体到每个学生的责任区。

评价反思

考核评价表见表 1-11。

表 1-11　考核评价表　　　　　　　　　　姓名：　　　　学号：

考核内容	考核技能点	配分	得分
纪律情况	认真听讲，积极执行任务	10	
	实验服整洁，不佩戴饰物	10	
执行 5S	器皿洗涤、仪器整理、实验台清理	10	
	责任区抽屉、柜子清洁彻底无杂物	10	
	物品定置存放、安置合理、标记清晰	10	
	正确处理废弃物品	10	
文明操作	无器皿破损、无划伤	10	
完成质量	工作严谨、追求细节完美	10	
	在规定时间内完成任务	10	
团队合作	积极沟通，主动与他人合作	10	
总分		100	

理论提升

1. 实验室安全指导

保护实验人员的安全和健康；保障设备财产的完好，防止环境污染；保证实验室工作有效进行，是实验室管理工作的重要内容。实验室安全应该一直铭记于心。尽管本书提供了很多安全建议，然而它们替代不了你的常识，以及对化学物品和电子设备操作风险性的时刻警惕。安全意识是在不能完全排除危险事物的情况下，考虑如何将风险降到最低。以下是实验室人员都应该了解的一些常规建议。

（1）将所有不必要的衣物、书、背包和其他非必需品放在适当的位置。实验工作区域不要放置实验中不使用的物品。

（2）禁止在实验室吃喝、吸烟，学会保持双手远离嘴和眼睛。

（3）实验室内禁止喧哗、打闹、奔跑。

（4）将所有的试剂、样品、玻璃器皿放回到合适位置。

（5）保持实验室仪器设备、实验台、橱柜、门和地面的整洁。

（6）实验室工作时应穿实验服，将长发扎在脑后，不能赤脚穿拖鞋。

（7）实验前后清洗双手，配制和使用化学试剂时，需戴防护手套和口罩。

（8）当遇到破损玻璃器皿时，告知指导教师再清理，如有受伤情况立即告知指导教师。

（9）清楚灭火器、化学安全淋浴器、眼睛清洗器和实验室安全出口的位置，并学会正确使用这些装置。

（10）识别并且正确处理不同类别的废弃物。

2. 实验室安全事故

在实验开始之前了解实验步骤，明白实验是如何完成的，知道自己该做什么，这会在现实的实验阶段节省很多时间和精力。有不明白的问题随时提问。未经批准不得独自在实验室做危险实验。

实验前应针对实验情况做好个人防护，实验人员应了解预防措施，做到防患于未然。了解安全事故的处理方法，争分夺秒采取正确的自救措施，力求对人体损伤降到最低。表 1–12 中列出了一般安全事故预防措施及处理方法。

表 1–12　一般安全事故的预防措施和处理方法

安全事故	预防措施	处理方法
1. 烫伤	物品降温后，戴隔热手套拿取	立即用流动水冲，直至没有灼伤感
2. 走电失火	注意用电安全，同时使用多台较大功率电器时应注意线路与电闸可承受功率；实验室常备灭火器材，并应熟知器材位置及使用方法	切断电源，关闭燃气阀门，湿布覆盖火源灭火，若火势较猛，选用灭火器灭火
3. 玻璃器皿割伤	小心拿取和使用玻璃器皿	用镊子取出玻璃碎屑，挤出一点血，涂碘伏
4. 酸灼伤	安全配制、使用试剂，戴好防护手套	大量水冲洗后，用稀碳酸氢钠或稀氨水浸洗，最后用水洗
5. 碱灼伤	安全配制、使用试剂，戴好防护手套	大量水冲洗后，用 2% 硼酸或 2% 乙酸浸洗，最后用水洗

巩固习题

1. 下列说法正确的有（　　）。（多选）
   A. 玻璃量器不得接触高温溶液和浓碱溶液
   B. 微量移液器不使用时要把量程调到最小值，使弹簧处于松弛状态
   C. 电子天平开机后需要至少预热 30 min，才能正式称量
2. 整理是根据物品的（　　）来决定取舍。
   A. 购买价值　　B. 使用价值　　C. 占用空间大小
3. 关于整顿的定义，下列正确的是（　　）。
   A. 将工作场所内的物品分类，并把不需要的物品清理掉
   B. 把有用的物品按规定分类摆放好，并做好适当的标识
   C. 对每位成员进行素质教育，要求人人都有纪律观念

4. 危险化学品存在的主要危险有（　　）。（多选）
A. 火灾或爆炸　　B. 中毒　　C. 污染环境

5. 领取及存放化学药品时，以下说法错误的是（　　）。
A. 学习并清楚化学药品危害标示和图样
B. 确认容器上标示的中文名称是否为需要的实验用药品
C. 有机溶剂，固体化学药品，酸、碱化合物可以存放于同一药品柜中

二维码 1-4
习题参考答案

小组讨论

查阅资料，介绍“5S”管理在企业车间或实验室中的应用，并结合本实验室管理现状，举例说明有哪些可以改进的地方。

延伸阅读

提高农产品食品质量安全水平

严格落实食品安全“四个最严”要求，实行全主体、全品种、全链条监管，确保人民群众“舌尖上的安全”。强化农产品质量安全保障，制定农产品质量监测追溯互联互通标准，加大监测力度，依法依规严厉打击违法违规使用禁限用药物行为，严格管控直接上市农产品农兽药残留超标问题，加强优质农产品基地建设，推行承诺达标合格证制度，推进绿色食品、有机农产品、良好农业规范的认证管理，深入实施地理标志农产品保护工程，推进现代农业全产业链标准化试点。深入实施食品安全战略，推进食品安全放心工程。

完善食品安全标准体系，推动食品生产企业建立实施危害分析和关键控制点体系，加强生产经营过程质量安全控制，加快构建全程覆盖、运行高效的农产品食品安全监管体系，强化信用和智慧赋能质量安全监管，提升农产品食品全链条质量安全水平，加强农产品食品药品冷链物流设施建设，完善信息化追溯体系，实现重点类别产品全过程可追溯。

食品检验只是产品的最后一道防线。食字拆开乃良人，作为食品人，无论将来从事生产、检验、管理、运输、销售哪一个环节，首先要做一个善良的人，才可能做好食品，为食品负责。

项目 2　电位分析法检测酱油中氨基酸态氮含量

案例分析

市场监管总局组织食品安全监督抽检，发现某品牌酱油氨基酸态氮（以氮计）检测值为 0.11 g/100 mL，产品明示标准值为 0.70 g/100 mL，其含量既不符合食品安全国家标准规定，也不符合产品标签标示要求。按《中华人民共和国食品安全法》的要求，对抽检中发现的不合格食品，市场监管总局已责成相关省级市场监管部门立即组织开展核查处置，查清产品流向，督促企业采取下架召回不合格产品等措施控制风险；对违法违规行为，依法从严处理，及时将企业采取的风险防控措施和核查处置情况向社会公开，并向总局报告。

请回答下列问题并分析。

1. 氨基酸态氮含量不合格的原因可能是什么？

2. 食品安全国家标准规定酱油中氨基酸态氮的含量是多少？案例中产品明示标准值为 0.70 g/100 mL 的原因是什么？

酱油相关标准
酿造酱油：以大豆和 / 或脱脂大豆、小麦和 / 或麸皮为原料，经微生物发酵制成的具有特殊色、香、味的液体调味品
《酿造酱油》(GB/T 18186—2000）质量标准规定： 高盐稀态发酵酱油氨基酸态氮含量（以氮计）：特级≥ 0.80 g/100 mL，一级≥ 0.70 g/100 mL，二级≥ 0.55 g/100 mL，三级≥ 0.40 g/100 mL。 低盐固态发酵酱油氨基酸态氮含量（以氮计）：特级≥ 0.80 g/100 mL，一级≥ 0.70 g/100 mL，二级≥ 0.60 g/100 mL，三级≥ 0.40 g/100 mL
《食品安全国家标准　酱油》(GB 2717—2018）规定：酱油中氨基酸态氮含量（以氮计）≥ 0.40 g/100 mL
《中华人民共和国食品安全法》第三十四条第（十三）项规定：禁止生产经营不符合法律、法规或者食品安全标准的食品、食品添加剂、食品相关产品

项目描述

氨基酸态氮指的是以氨基酸形式存在的氮元素的含量，是酱油中的重要组成成分，是酱油鲜味的主要来源，是由制造酱油的原料（大豆或脱脂大豆、小麦或麸皮）中的蛋白质水解产生的，是表示酱油质量的重要指标。氨基酸态氮的指标越高，说明酱油中的氨基酸含量越高，鲜味越好。

二维码 2-1
氨基酸态氮的测定概述

本项目以酱油为例，根据《食品安全国家标准 食品中氨基酸态氮的测定》(GB 5009.235—2016)，采用酸度计法检测其氨基酸态氮含量。

技能基础　酸度计的基本操作技术

学习要求

1. 能够说出酸度计的基本结构及各按键（旋钮）作用。重点
2. 能够正确使用酸度计，以及进行日常维护保养。难点
3. 能够保持严谨、求实的实验态度。

学习导引

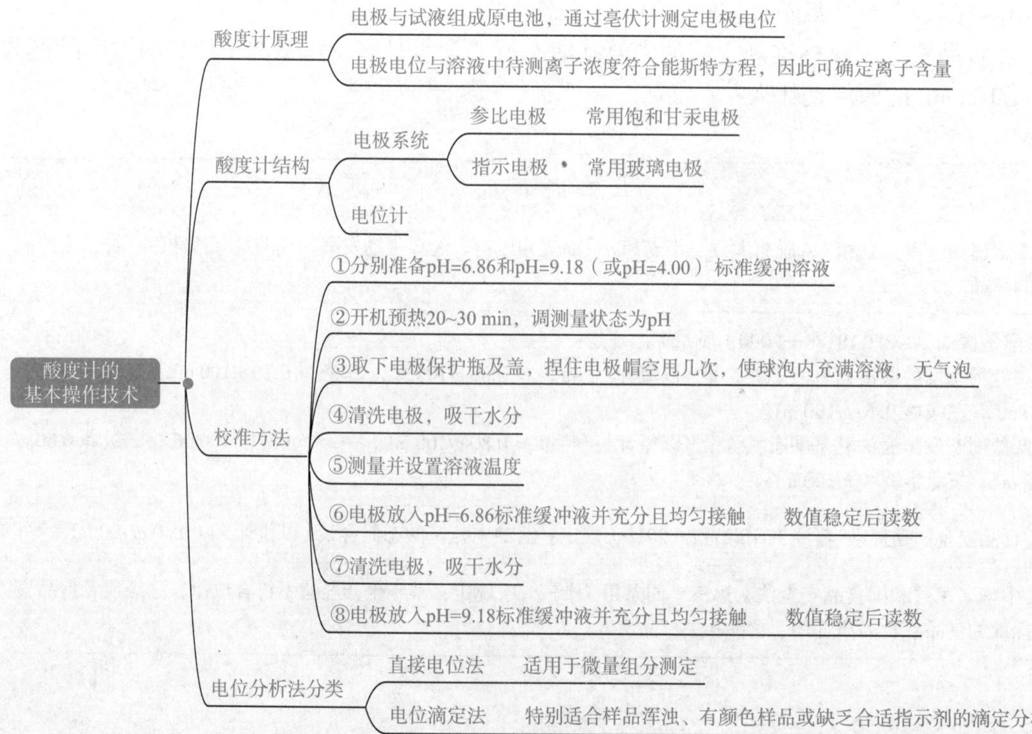

酸度计工作原理

酸度计（pH 计）是采用氢离子选择性电极测量液体 pH 值的一种广泛使用的化学分析仪器。酸度计是用电势法来测量 pH 值的，其基本原理是将一个连有内参比电极的可逆氢离子指示电极和一个外参比电极，同时浸入某一待测溶液中而形成原电池，在一定温度下产生一个内外参比电极之间的电池电动势。这个电动势与溶液中氢离子活度有关，而与其他离子的存在基本没有关系。仪器通过测量该电动势的大小，最后转化为待测液的 pH 值而显示出来。

仪器结构

酸度计的型号繁多，其结构主要包括电极和电位计两个部分（图 2–1）。

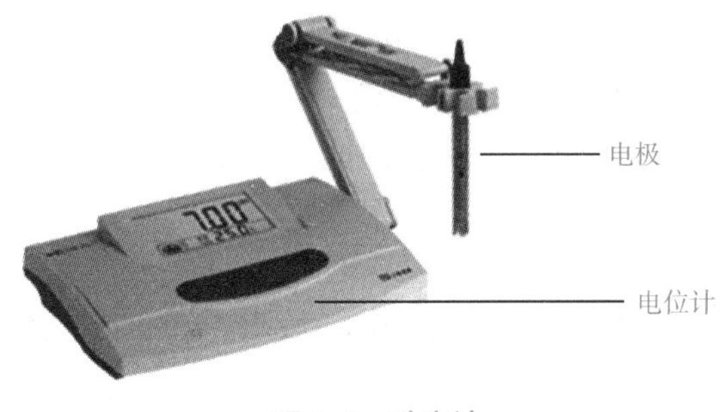

图 2–1　酸度计

二维码 2–2
酸度计法简介

1. 电极

酸度计配置指示电极和参比电极。指示电极是指其电极电位随被测离子浓度而变化的电极，为玻璃电极。参比电极是指在测定过程中其电极电位保持恒定的电极，一般为甘汞电极或银 – 氯化银电极。现如今广泛使用的是两种电极合一的复合电极（图 2–2）。相对于两个电极而言，复合电极最大的好处就是使用方便。

图 2–2　复合电极

复合电极可分为可充式 pH 复合电极和非可充式 pH 复合电极。可充式 pH 复合电极在电极外壳上有一个加液孔，当电极的外参比溶液流失后，可将加液孔打开，重新补充 KCl 溶液；而非可充式 pH 复合电极内装凝胶状 KCl，不易流失也无加液孔。

可充式 pH 复合电极的特点是参比溶液有较高的渗透速率，液接界电位稳定重现，测量精度较高，而且当参比电极减少或受污染后可以补充或更换 KCl 溶液，但缺点是使用较烦琐。可充式 pH 复合电极使用时应将加液孔打开，以增加液体压力，加速电极响应，当参比液液面低于加液孔 2 cm 时，应及时补充新的参比液。

非可充式 pH 复合电极的特点是维护简单、使用方便，因此也得到广泛的应用。但作为实验室 pH 电极使用时，在长期和连续的使用条件下，液接界处的 KCl 浓度会减少，影响测试精度。因此，非可充式 pH 复合电极不使用时，应浸在电极浸泡液中，这样下次测试时电极性能会很好，而大部分实验室 pH 电极都不是长期和连续的测试，因此这种结构对精度的影响是比较小的。而工业 pH 复合电极对测试精度的要求比较低，所以使用方便就成为主要的选择。

为了使 pH 复合电极使用更加方便，一些进口的 pH 复合电极和部分国产电极，都在 pH 复合电极头部装有一个密封的塑料小瓶，内装电极浸泡液，电极头长期浸泡其中，使用时拔出洗净就可以，非常方便。这种保存方法不仅方便，而且对延长电极寿命也是非常有利的，但是塑料小瓶中的浸泡液不要受污染，要注意更换。

2. 电位计

电位计用于测量整体电位，它能在电阻极大的电路中捕捉到微小的电位变化，并将这个变化通过电表表现出来。为了方便读数，pH 计都有显示功能，就是将电流计的输出信号转换成 pH 读数。

安全小贴士

复合电极前端的敏感玻璃球泡不能与硬物接触，任何破损和擦毛都会使电极失效。

实训任务

各小组学生讨论并指出各结构部件在仪器中的位置，了解键盘按钮功能，练习仪器基本操作。

二维码 2-3 酸度计的校准

1. 开机前准备

（1）准备 pH=6.86 和 pH=4.00（或 pH=9.18）标准缓冲溶液。

（2）将电极保护帽从电极头处取下，并将填液孔上的塞子打开，先使用蒸馏水冲洗电极，然后用滤纸将水吸干。

（3）在测量电极插座处拔去短路插头，插上复合电极。

2. 开机

按下电源开关，预热 30 min（短时间测量时，一般预热不短于 5 min；长时间测量时，最好预热 20 min 以上，以便使其具有较好的稳定性）。

3. 标定

仪器使用前，先要标定，一般来说，仪器在连续使用时，每天要标定一次。标定步骤如下。

（1）按“pH/mv”键（pH 指示灯亮），进入 pH 值测量状态。

（2）按“温度”键使其显示为溶液温度值（此时温度指示灯亮），然后按“确认”键，仪器确定溶液温度后回到 pH 值测量状态。

（3）第一点校正：将清洗过的电极插入 pH=6.86 的缓冲溶液中，按“定位”键（pH 计慢闪烁）使仪器显示读数与该标准缓冲溶液中当时温度下的 pH 值相一致。按“确认”键，仪器回到 pH 值测量状态。

（4）第二点校正：用蒸馏水清洗电极，用滤纸吸干；再将电极插入 pH=4.00（或 pH=9.18）的标准缓冲溶液中，按“斜率”键（pH 计快闪烁）使仪器显示读数与该缓冲溶液中当时温度下的 pH 值一致；然后按“确认”键，仪器回到 pH 值测量状态。

（5）重复第一点校正和第二点校正，直至不用再调节“定位”和“斜率”为止。

（6）仪器完成标定，用蒸馏水清洗电极后即可对被测溶液进行测量。

4. 测量 pH 值

经标定过的 pH 计即可用来测定被测溶液，被测溶液与标定溶液温度相同与否，测量步骤都有所不同。

（1）被测溶液与定位溶液温度相同时，测量步骤如下。

1）用蒸馏水清洗电极头部，再用被测溶液清洗一次。

2）将电极浸入被测溶液中，用玻璃棒搅拌溶液，使溶液均匀，在显示屏上读出溶液的 pH 值。

（2）被测溶液和定位溶液温度不相同时，测量步骤如下。

1）用蒸馏水清洗电极头部，再用被测溶液清洗一次。

2）用温度计测量出被测溶液的温度值。

3）按“温度”键，使仪器显示为被测溶液温度值，然后按“确认”键。

4）把电极插入被测溶液内，用玻璃棒搅拌溶液，使溶液均匀后读出该溶液的 pH 值。

5. 电极保存

使用后用纯化水洗涤电极，然后用滤纸将水吸干，将电极头套入保护帽中。

6. 关闭开关，拔出电源

7. 实验结束后填写仪器使用记录

pH 值测定记录见表 2-1。

表 2-1　pH 值测定记录

样品名称	第一次测定 pH 值	第二次测定 pH 值
牛奶		

评价反思

考核评价表见表 2–2。

表 2–2　考核评价表　　　　姓名：　　　　学号：

考核内容	考核技能点	配分	得分
实验准备	电极的检查和安装	5	
	电极的洗涤	5	
	电极的擦拭方法	10	
	正确配制缓冲溶液	10	
仪器操作	温度调节与 pH 值的调整	10	
	溶液测定	10	
	电极维护、正确保存	10	
整理	器皿洗涤，仪器整理，实验台清理	10	
文明操作	不浪费耗材，无器皿破损	10	
数据处理	填写规范，无涂改	10	
团队合作	善于沟通，积极与他人合作	10	
总分		100	

小组讨论

酸度计校正时，第二点的缓冲溶液如何选择？

理论提升

电位分析法是以测量原电池的电动势为基础，根据电动势与溶液中某种离子的活度（或浓度）之间的定量关系（Nernst 方程）来测定待测物质活度或浓度的一种电化学分析法。它是以待测试溶液作为化学电池的电解质溶液，在其中插入两支电极，一支是电极电位随试液中待测离子的活度（或浓度）的变化而变化，用以指示待测离子活度（或浓度）的指示电极（常作负极）；另一支是在一定温度下，电极电位基本稳定不变，不随试液中待测离子的活度的变化而变化的参比电极（常作正极），通过测量该电池的电动势来确定待测物质的含量。

电位分析法包括直接电位法和电位滴定法。直接电位法是利用专用电极将被测离子的活度转化为电极电位后加以测定，如用玻璃电极测定溶液中的氢离子活度，用氟离子选择性电极测定溶液中的氟离子活度；电位滴定法是利用指示电极电位的突跃来指示滴定终点，根据滴定剂的体积和浓度来计算待测物质的含量。两种方法的区别在于：直接电位法只测定溶液中已经存在的自由离子，不破坏溶液中的平衡关系；电位滴定法测定的是被测离子的总浓度，可直接用于有色溶液和混浊溶液的滴定。在酸碱滴定中，它可以滴定不适于用指示剂的弱酸。在沉淀和氧化还原滴定中，因缺少指示剂，它的应用更为广泛。

任务 1　实验器材与实验试剂准备

任务要求

1. 能够根据实验设计完成实验准备工作。难点
2. 能够熟练掌握溶液配制与标定操作。重点
3. 能够保持耐心细致的实验态度和实验节约、安全意识。

任务导引

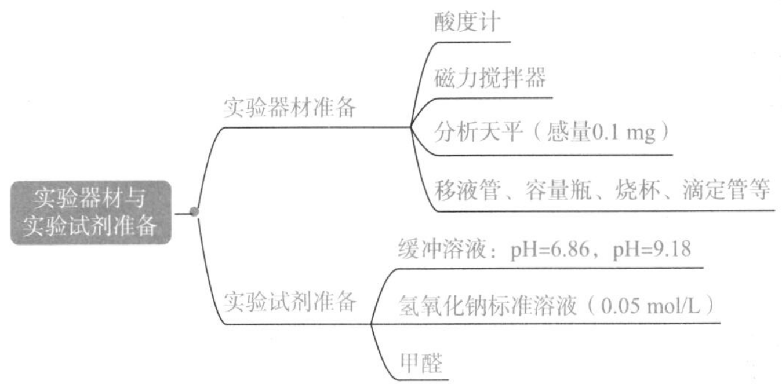

任务实施

> **安全小贴士**
> 配制标准溶液必须使用二次蒸馏水或去离子水，其电导率应小于 2 μS/cm，最好煮沸使用。

1. 实验器材（表 2–3）

表 2–3　实验器材按需配备

器材名称	数量	器材名称	数量	器材名称	数量	器材名称	数量

2. 配制实验试剂

（1）结合《食品安全国家标准 食品中氨基酸态氮的测定》（GB 5009.235—2016）完成表 2–4 的填写。

表 2-4 试剂配制

试剂	配制方法
氢氧化钠标准储备溶液（0.5 mol/L）	称取（ ）g 氢氧化钠，溶于 100 mL 无二氧化碳的水中，摇匀，注入聚乙烯容器中，密闭放置至溶液清亮。用塑料管量取上层清液（ ）mL，用无二氧化碳的水稀释至 1 000 mL，摇匀
氢氧化钠标准使用溶液（0.05 mol/L）	准确吸取 0.5 mol/L 氢氧化钠标准储备溶液（ ）mL 于 250 mL（ ）中，加水定容至刻度
注：pH 标准缓冲溶液可用市售袋装标准缓冲溶液试剂按规定进行配制。	

二维码 2-4
GB 5009.235—2016

（2）写出氢氧化钠标准储备溶液（0.5 mol/L）的标定方法。

（3）完成表 2-5 氢氧化钠标准溶液标定记录的填写。

表 2-5 氢氧化钠标准溶液标定记录

平行实验	1	2	3
邻苯二甲酸氢钾质量 / g			
滴定用去氢氧化钠标准溶液体积 / mL			
空白实验用去氢氧化钠标准溶液体积 / mL			
氢氧化钠标准溶液浓度 /（$mol \cdot L^{-1}$）			
氢氧化钠标准溶液浓度平均值 /（$mol \cdot L^{-1}$）			

考核评价表见表 2-6。

表 2-6　考核评价表　　　　姓名：　　　　学号：

过程	考核内容	考核技能点	配分	得分
准备	学习态度	态度端正、自学充分，方案设计清晰	10	
	器材	实验器材准备正确	10	
溶液配制	天平	检查水平，正确称量读数，保持整洁	10	
	容量瓶	加液无滴洒，操作正确混匀	10	
	移液管	操作正确，读数准确熟练	10	
	计算	公式正确，有效数字正确	10	
其他	技巧	操作熟练度	10	
	文明操作	不浪费耗材，无器皿破损	10	
	整理	器皿洗涤，仪器整理，实验台清理	10	
	团队合作	善于沟通，积极与他人合作	10	
总分			100	

任务2　氨基酸态氮的测定

任务要求

1. 能够根据实验设计完成实验操作，理解操作细节。重点
2. 能够掌握电位滴定法的正确操作及含义。
3. 能够正确计算氨基酸态氮的含量，并判定检测结果。
4. 能够保持细致严谨的实验态度和实验安全意识。

二维码2-5
氨基酸态氮的测定

任务导引

- 氨基酸态氮的测定
  - 检测原理
    - 利用氨基酸两性作用，加甲醛固定氨基的碱性，使羧基显示酸性
    - NaOH滴定后定量，酸度计确定终点
  - 样品检测
    - 5.0 mL（V）酱油+水定容至100 mL（V_4），混匀
    - 取20.0 mL（V_3）稀释液+60 mL蒸馏水，搅匀　用NaOH滴定至pH=8.2
    - 加10.0 mL甲醛，混匀　用NaOH滴定至pH=9.2　记录消耗NaOH体积（V_1）
  - 空白实验
    - 80 mL水　用NaOH滴定至pH=8.2
    - 加10.0 mL甲醛，混匀　用NaOH滴定至pH=9.2　记录消耗NaOH体积（V_2）
  - 数据处理
    - 计算公式　$X=\frac{(V_1-V_2)\times c\times 0.014}{V\times V_3/V_4}\times 100$
    - 精密度　相对相差≤10%
    - 结果保留两位有效数字
  - 结果判定　GB/T 18186—2000判断是否符合等级指标

方法原理

1. 检验方法和指标

氨基酸态氮检测方法见表 2–7。

表 2–7　氨基酸态氮检测方法

食品类别	依据标准	指标要求	检验方法
酱油	GB 2717—2018 GB/T 18186—2000	≥ 0.40 g/100 mL	GB 5009.235—2016 第一法酸度计法

2. 检验原理

酸度计法检验氨基酸态氮见表 2–8。

表 2–8　酸度计法检验氨基酸态氮

1	滴定至 pH=8.2	中和试样中氨基酸以外的酸类物质（此时试样中的氨基酸以正负离子同体化合物形式存在，不能被滴定）
2	加入甲醛	固定氨基的碱性，使羧基显示出酸性
3	滴定至 pH=9.2	中和离解的氨基酸的羧基
4	定量计算	根据加入甲醛后滴定消耗的氢氧化钠标准溶液体积计算氨基酸态氮含量

任务实施

安全小贴士

注意磁力搅拌子与电极的距离，防止磁力搅拌子打破电极。

1. 样品测定

吸取 5.0 mL 试样于 100 mL 容量瓶中，加水至刻度，混匀后吸取 20.0 mL 置于 200 mL 烧杯中，加 60 mL 水，开动磁力搅拌器，用氢氧化钠标准溶液［c(NaOH)=0.050 mol/L］滴定至酸度计指示 pH 值为 8.2，记下消耗氢氧化钠标准滴定溶液的毫升数，可计算总酸含量。加入 10.0 mL 甲醛溶液，混匀。再用氢氧化钠标准滴定溶液继续滴定至 pH 值为 9.2，记下消耗氢氧化钠标准滴定溶液的毫升数。

2. 空白实验

量取 80 mL 水于 200 mL 烧杯中，先用氢氧化钠标准溶液［c(NaOH)=0.050 mol/L］调节至 pH 值为 8.2，再加入 10.0 mL 甲醛溶液，用氢氧化钠标准滴定溶液滴定至 pH 值为 9.2，记下消耗氢氧化钠标准滴定溶液的毫升数。

3. 结果计算

试样中氨基酸态氮的含量按式（2–1）计算：

$$X=\frac{(V_1-V_2)\times c\times 0.014}{V\times V_3/V_4}\times 100 \qquad (2\text{–}1)$$

式中　X——试样中氨基酸态氮的含量（g/100 mL）；

V_1——测定用试样稀释液加入甲醛后消耗氢氧化钠标准滴定溶液的体积（mL）；

V_2——试剂空白实验加入甲醛后消耗氢氧化钠标准滴定溶液的体积（mL）；

c——氢氧化钠标准滴定溶液的浓度（mol/L）；

0.014——与 1.00 mL 氢氧化钠标准滴定溶液［$c(NaOH)=1.000$ mol/L］相当的氮的质量（g）；

V——吸取试样的体积（mL）；

V_3——试样稀释液的取用量（mL）；

V_4——试样稀释液的定容体积（mL）；

100——单位换算系数。

计算结果保留两位有效数字。

注意事项：

计算公式中的 V_1 是指试样稀释液加入甲醛后消耗氢氧化钠标准滴定溶液的体积。例如样品测定：用氢氧化钠标准溶液滴定至 pH 值为 8.2，滴定管读数为 3.75 mL。向上述溶液中准确加入 10.00 mL 甲醛溶液后，用氢氧化钠标准溶液继续滴定至 pH 值为 9.2，滴定管读数为 13.75 mL。则 $V_1=13.75-3.75=10.00$ mL。

计算公式中的 V_2 是指试剂空白实验加入甲醛后消耗氢氧化钠标准滴定溶液的体积。例如空白实验：用氢氧化钠标准溶液滴定至 pH 值为 8.2，滴定管读数为 0.80 mL。向上述溶液中准确加入 10.00 mL 甲醛溶液后，用氢氧化钠标准溶液继续滴定至 pH 值为 9.2，滴定管读数为 3.80 mL。则 $V_2=3.80-0.80=3.00$ mL。

4. 精密度

在重复性条件下获得的两次独立测定结果的绝对差值，不得超过算术平均值的 10%。

5. 结果判定

根据《酿造酱油》（GB/T 18186—2000）质量标准，判断所测样品的氨基酸态氮含量是否符合等级要求。

6. 原始记录

填写表 2–9，完成酱油中氨基酸态氮检验的原始记录。

表 2-9 酱油中氨基酸态氮检测原始记录表

编号：

样品名称		样品编号		检测日期	
检测依据					
仪器设备	□ YQ- 电子天平 □ YQ- 酸度计			滴定管编号	
检测地点		室温 t/℃		湿度 H/%	
氢氧化钠标准滴定溶液浓度 c		mol/L		标定日期	

样品检测			
项目	单位	平行样品	
		1	2
试样体积 V	mL		
试样稀释液的定容体积 V_4	mL		
试样稀释液的取用量 V_3	mL		
氢氧化钠标准溶液浓度 c	mol/L		
试样稀释液加入甲醛后滴定至 pH=9.2 消耗氢氧化钠标准溶液体积 V_1	mL		
空白实验加入甲醛后滴定至 pH=9.2 消耗氢氧化钠标准溶液体积 V_2	mL		
计算公式：$X=\dfrac{(V_1-V_2)\times c\times 0.014}{V\times V_3/V_4}\times 100$ 结果保留 2 位有效数字			
氨基酸态氮的含量 X	g/100 mL		
平均值 $\overline{X}$	g/100 mL		

精密度规定	相对相差≤ 10%	实际精密度		精密度判定	□符合 □不符合
备注					
检测人		校核人		审核人	
日期		日期		日期	

评价反思

考核评价表见表 2–10。

表 2-10　考核评价表

姓名：　　学号：

过程	考核内容	考核技能点	配分	得分
样品定量	移液管	握法、润洗、取样、读数准确熟练	5	
	容量瓶	定容和摇匀	5	
滴定前准备	pH 计	电极检查和安装	5	
		正确进行仪器预热	5	
		温度调节与 pH 值的调整	5	
	滴定管	正确的清洗和润洗、盛装，调零	5	
	搅拌器	搅拌器放置方法	5	
样品测定	滴定管	滴定操作的姿势和速度	5	
		滴定终点正确、不过量	5	
	搅拌器	搅拌速度	5	
	读数	停止搅拌、仪器数字稳定后读数	5	
其他	安全文明	不浪费试剂耗材，无器皿破损	5	
	整理	酸度计保存，整理仪器工作台	5	
	团队合作	善于沟通，积极与他人合作	5	
结果分析	数据处理	原始记录及时、清晰、规范	10	
		计算公式代入数据正确	10	
		有效数字正确、结果准确	10	
总分			100	

理论提升

氨基酸含量是某些发酵产品的质量指标，也是目前许多保健食品的质量指标之一。与蛋白质不同，其含氮量可直接测定，故称为氨基酸态氮。

氨基酸具有酸性的 -COOH 基和碱性的 $-NH_2$ 基，它们相互作用而使氨基酸成为中性的内盐，不能直接滴定。当加入甲醛溶液时，$-NH_2$ 与甲醛结合，从而使其碱性消失，这样就可以用强碱标准溶液来滴定 -COOH 基，并使用间接的方法测定氨基酸总量。

仪器日常维护

二维码 2-6
仪器使用注意事项

（1）仪器应存放于干燥无腐蚀气体的场所，保持室温稳定，将仪器放于平整桌面，远离振动源。

（2）若电源电压波动较大，一定要经电子交流稳压器后再送入仪器，否则，测量结果显示将不稳定，影响测量精度。仪器应用良好的接地线，以消除外界干扰。

（3）仪器的输入端（测量电极插座）必须保持干燥清洁。仪器不使用时，将 Q9 短路插头插入插座，防止灰尘及水蒸气浸入。

（4）pH 电极存放时应将复合电极的玻璃探头部分套在盛有 3 mol/L 氯化钾溶液的塑料套内。

（5）电极在测量前必须用已知 pH 值的标准缓冲溶液进行定位校准，其 pH 值越接近，被测 pH 值越准确。

（6）用缓冲溶液标定仪器时，要保证缓冲溶液的可靠性，不能配错缓冲溶液，否则将导致测量结果产生误差。

（7）测量时，电极的引入导线应保持静止，否则会引起测量不稳定。

（8）玻璃电极的玻璃球泡玻璃膜极薄，容易破碎，切忌与硬物相接触。

常见故障分析

仪器常见故障分析见表 2-11。

表 2-11　仪器常见故障分析

常见故障现象	排除方法
1. 接通电源，指示灯不亮	（1）若仪器有电压输出则检查指示灯是否烧坏； （2）若仪器没有电压输出则检查保险丝是否熔断； （3）若保险丝没有熔断则检查仪器的变压器是否由于电路局部短路而烧坏
2. 通电后显示的数字不稳定或出现漂移情况	（1）检查仪器的各接插件是否牢固； （2）检查仪器的输入及输出电压是否稳定； （3）检查仪器的线路板是否被侵蚀； （4）检查仪器放大电路中运算放大器是否烧坏
3.pH 计输出指示不准确	检测方法不正确或温度、斜率调节点不正确
4. 用两种标准溶液测试不能相互定位	检查标准信号发生器是否不准确
5. 在直接输入时能正常工作，但串入高阻时示值超差	（1）检查仪器的滤波电容是否被击穿； （2）检查仪器场效应管的输入电阻是否偏低； （3）检查仪器电路主板是否受潮或被侵蚀
6. 数字式 pH 计通电后显示的数字不全	（1）仪器的接插件接触不好； （2）仪器的数字显示屏损坏

巩固习题

二维码 2-7
习题参考答案

1. 测定氨基酸态氮，用氢氧化钠标准溶液滴定至酸度计指示pH值为________，加入10.0 mL ________溶液，混匀，再用氢氧化钠标准滴定溶液继续滴定至pH值为________。

2. 加入甲醛的目的是固定________的碱性，使________显示出酸性。

小组讨论

1. 直接用氢氧化钠溶液滴定酱油至pH值为8.2，可以计算酱油的总酸含量，这里的总酸包括哪些酸？

2. 滴定速度应如何掌握？

延伸阅读

物理化学家能斯特

德国物理化学家瓦尔特·赫尔曼·能斯特（W. H. Walther Hermann Nernst），于1864年6月25日生于西普鲁士的布利森，1887年获博士学位，1889年他提出溶解压假说，从热力学导出了电极电位与溶液浓度的关系式，即电化学中著名的能斯特方程，此方程一直在电化学中应用至今。能斯特的这一成果使他在二十多岁时就在电化学界获得了国际声誉。同年，他还引入溶度积的概念，用来解释沉淀反应。1906年，他又根据对低温现象的研究，得出了热力学第三定律，人们称之为“能斯特热定理”，这个定理有效地解决了计算平衡常数的问题和许多工业生产难题。因此能斯特获得了1920年诺贝尔化学奖。

能斯特喜欢从实验研究去发现新的规律。他对可靠的实验结果很感兴趣，但并不在乎仪器样子是否笨重，对拼凑而成的实验装置从不介意。他时常动手自己建立实验仪器（如变压器、压力及温度控制器，甚至是微量天平等）。在能斯特的实验室几乎所有的仪器都是在仪器越小越好、组装材料越少越好的前提下建造的。在材料及能源的使用上，能斯特是极为节省的，他轻视那些随便滥用自然资源的人。

项目 3　分光光度法检测香肠中亚硝酸盐含量

案例分析

某地有 9 个人食用当地驴肉火烧店售卖的凉皮后，均有不同程度的亚硝酸盐急性中毒症状。据执法人员抽样检测，店中熟肉、食盐、咸菜等食品的亚硝酸盐含量全部超标，部分食品中亚硝酸盐含量分别超过规定的 90 ～ 130 倍。

请对下列问题给予回答和分析。

1. 食品中亚硝酸盐含量过高会带来哪些危害？
2. 亚硝酸盐过量使用的原因可能是什么？
3. 试分析餐饮服务单位为什么禁止使用亚硝酸盐。

相关法规标准链接
2012 年 5 月，卫生部、国家食药监管局联合发布《关于禁止餐饮服务单位采购、贮存、使用食品添加剂亚硝酸盐的公告（卫生部公告 2012 年第 10 号）》，禁止餐饮服务单位采购、贮存、使用食品添加剂亚硝酸盐（亚硝酸钠、亚硝酸钾）
2018 年 2 月，原国家食品药品监督管理总局发布《关于餐饮服务提供者禁用亚硝酸盐、加强醇基燃料管理的公告》，明确禁止餐饮服务提供者采购、贮存、使用亚硝酸盐（包括亚硝酸钠、亚硝酸钾），严防将亚硝酸盐误作食盐使用加工食品
2019 年 2 月，教育部、市场监管总局、卫生健康委联合发布《学校食品安全营养与健康管理规定》规定，学校食堂不得采购、贮存、使用亚硝酸盐（包括亚硝酸钠、亚硝酸钾）。严防严控学校集中用餐环节出现误食、误用亚硝酸盐等食品安全风险
《中华人民共和国食品安全法》第三十四条明确规定，禁止生产经营“超范围、超限量使用食品添加剂的食品”，同时在第一百二十四条对违反上述规定的行为设定了严格的法律责任；第四十条规定，食品生产经营者应当按照食品安全国家标准使用食品添加剂

项目描述

在肉制品中添加适量的亚硝酸盐可以使肉质颜色鲜艳，令人有食欲，且亚硝酸盐可以抑制肉毒梭菌的生长繁殖。但亚硝酸盐的过量摄入可造成人体急性或慢性中毒，严重者可导致死亡。因此，对其在产品中的含量进行准确检测就显得尤为重要。

本项目以肉制品中的香肠为例，根据《食品安全国家标准 食品中亚硝酸盐与硝酸盐的测定》（GB 5009.33—2016）的规定，并结合企业检验实际，选择第二法分光光度法检测亚硝酸盐含量。检测仪器是可见分光光度计，定量方法是标准曲线法。为保证实验顺利进行，在开展检测任务前，需要了解检测仪器的结构原理，熟练仪器操作。

技能基础1 紫外可见分光光度计的基本操作技术

学习要求

1. 能够说出分光光度计的基本结构大致位置及部件作用。
2. 能够正确操作分光光度计，正确使用比色皿。⚠ 重点
3. 能够合作完成比色皿配套性检验，并理解其检验意义。⚠ 难点
4. 能够保持严谨、求实的实验态度。

学习导引

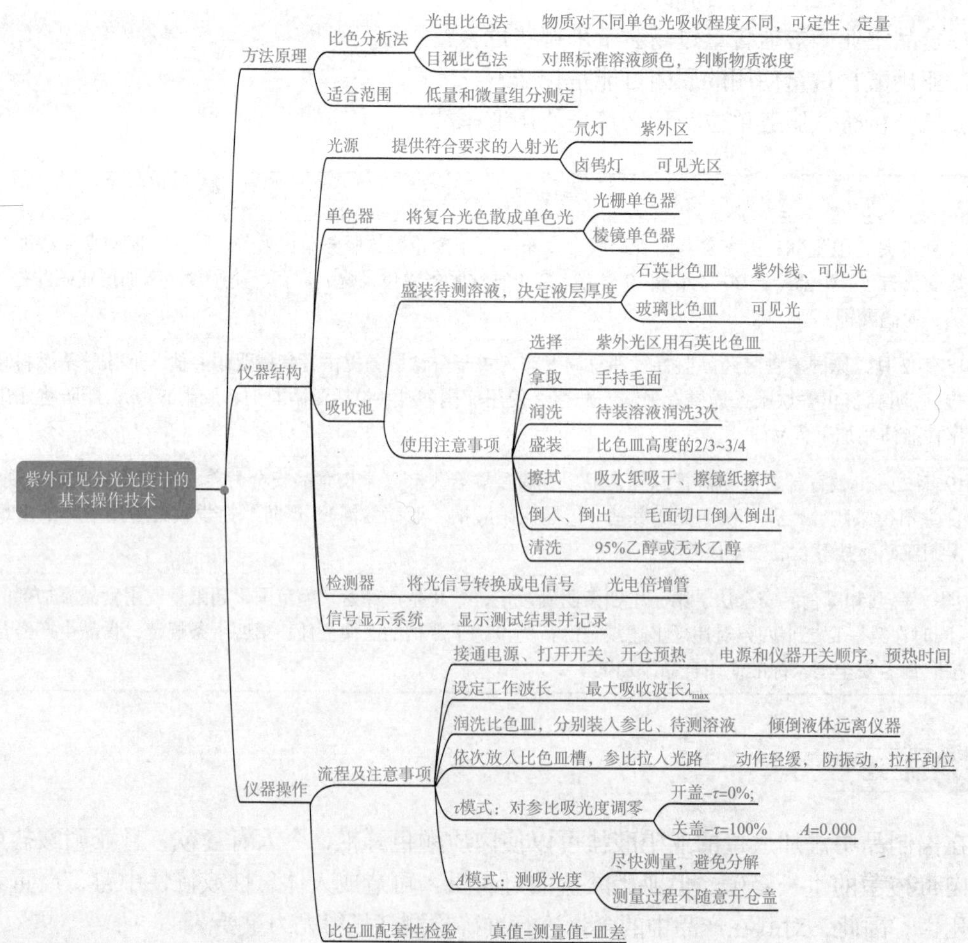

方法原理

1. 物质呈现颜色与光有关

单色光是指具有同一波长的光；**复合光**是指含有多种波长的光，如日光（图 3–1）。如果将两种适当颜色的光按一定强度比例混合，可合成白色光，这两种颜色的光就称为**互补色**（图 3–2）。在白光下，硫酸铜溶液吸收了白光中的黄色光，而呈现出蓝色；高锰酸钾溶液吸收了白光中的绿色光，而呈现出紫红色。因此，溶液呈现的颜色是透射光的颜色，是吸收光的互补色。

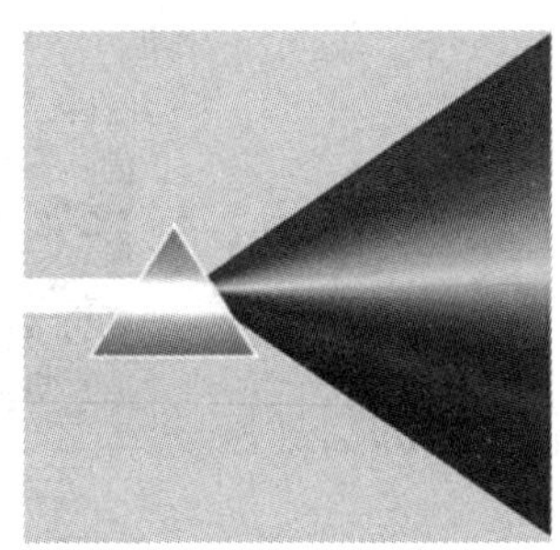

图 3–1　复合光与单色光

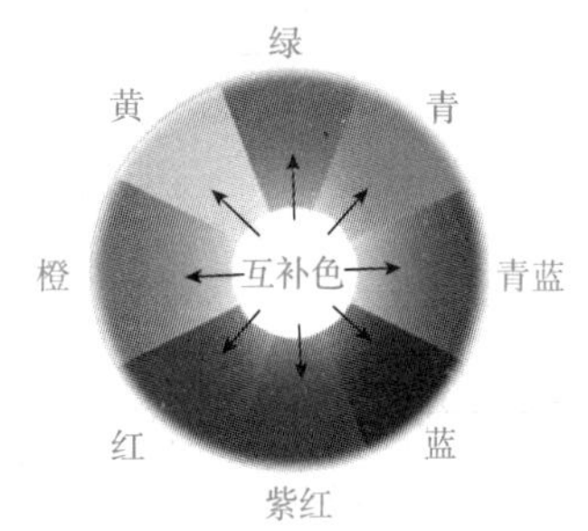

图 3–2　光的互补色示意图

2. 比色分析法

物质都具有颜色，物质呈现一定的颜色与它们对不同波长光的选择性吸收有关，溶液浓度越大，颜色越深。因此，在可见光区，利用比较待测溶液的颜色深浅来测定溶液中待测物质浓度的方法，称为**比色分析法**（图 3–3）。根据物质对不同波长的单色光的吸收程度不同而对物质进行定性和定量分析的方法称为**分光光度法**。紫外可见分光光度法就是基于物质分子对 200 ～ 780 nm 区域内光的吸收而建立起来的光谱分析法，适合低含量和微量组分的测定。

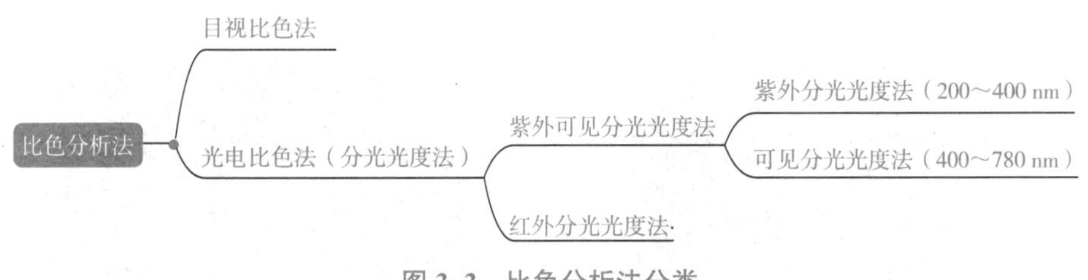

图 3–3　比色分析法分类

仪器结构

二维码 3–1
仪器分光实验

1. 了解仪器的分光功能（实验）

在吸收池位置插入一块白色硬纸片，将波长从 400 nm 向 780 nm 慢慢调动，观察纸片上斑点的颜色变化（图 3-4）。注意 525 nm 对应的光是绿色。

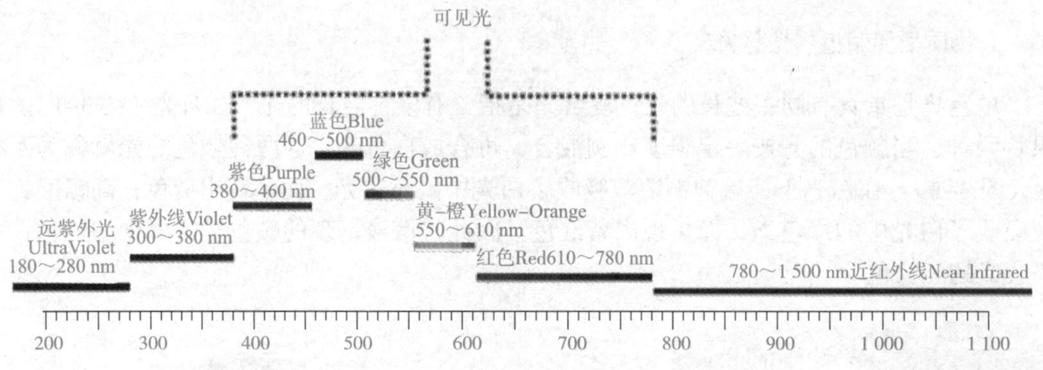

图 3-4　光的波长与光的颜色

二维码 3-2
分光光度计结构原理

2. 认识基本结构

紫外可见分光光度计都是由光源、单色器、吸收池、检测器和信号显示系统五个部分构成的（图 3-5）。

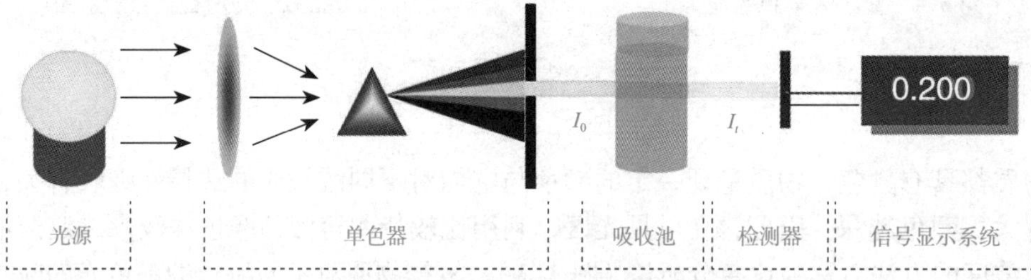

图 3-5　分光光度计基本结构

（1）光源。光源是指在紫外可见光波段发射连续光谱，提供物质吸收的光，一般可分为紫外光源（图 3-6）和可见光源（图 3-7）。

图 3-6　紫外光源——氘灯

图 3-7　可见光源——钨灯

（2）单色器。对连续光源采光，所采的光被认为是单色光，并作用于试样上产生吸收。常见的单色器有光栅单色器（图 3-8）和棱镜单色器（图 3-9）。

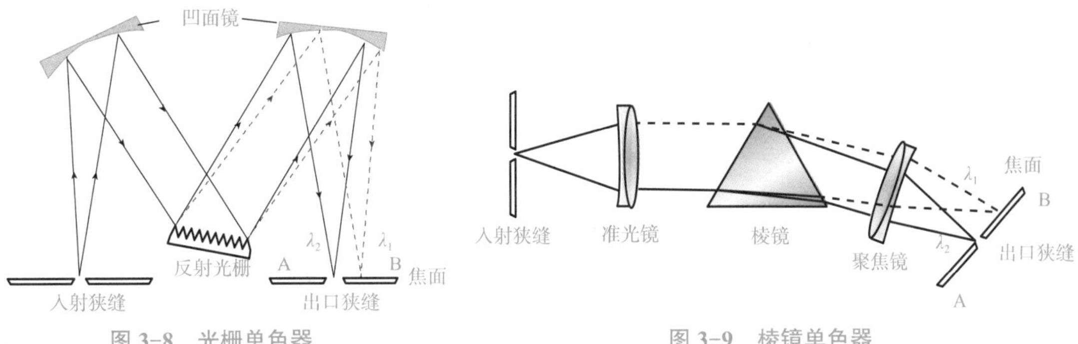

图 3-8　光栅单色器　　　　图 3-9　棱镜单色器

（3）吸收池。吸收池又称比色皿，是用于盛装待测液和决定透光液层厚度的器件。一般为长方体，两侧及其底为毛玻璃，另两面为光学透光面（图 3-10）。比色皿的分类见表 3-1。

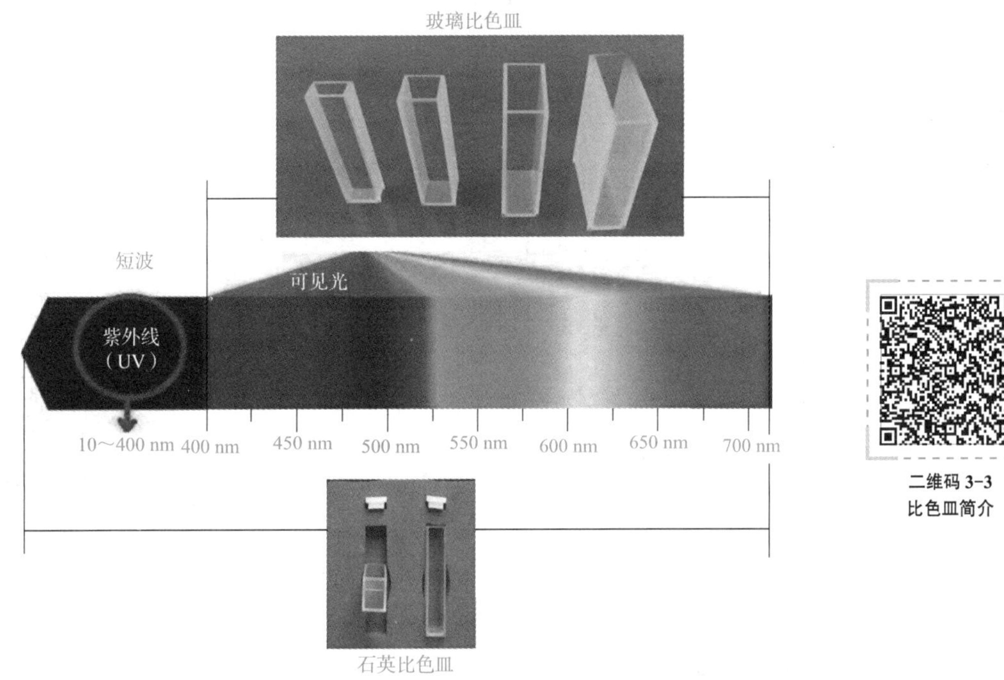

图 3-10　玻璃比色皿和石英比色皿

二维码 3-3
比色皿简介

表 3-1　比色皿分类

分类标准	主要类型
光程	0.5 cm、1.0 cm、2.0 cm、3.0 cm
透光面材质	玻璃比色皿、石英比色皿

（4）检测器。检测器是对通过吸收池的光做出响应，并将它转变成电信号输出，其输出的电信号大小与透光强度成正比。常见的检测器有光电管、光电倍增管等。

（5）信号显示系统。信号显示系统的作用是将产生的光电流经放大信号以透射比 τ 或

吸光度 A 显示或记录下来。很多型号的分光光度计装配数据处理装置，能自动绘制工作曲线，计算分析结果并打印报告，实现分析自动化。

巩固习题

1. 下列波长范围属于人眼能感受到的可见光的是（　　）nm。

A. 200 ～ 400　　B. 400 ～ 780　　C. 200 ～ 780

2. 高锰酸钾溶液呈现出紫色的原因是高锰酸钾溶液（　　）。

A. 吸收了紫色光　　B. 不吸收紫色光　　C. 本身是紫色

3. 完成表 3-2 的填写。

表 3-2　紫外可见分光光度计基本组成

组成部件	作用	主要类型
	提供符合要求的入射光	
	分解出单色光，并准确取出某一波长的光	
	盛放待测溶液，决定透光液层厚度	
	将光信号转为电信号，与透光强度成正比	光电管、光电倍增管
	放大信号并指示和记录	信号处理、数字显示和存储

4. 在波长 250 nm 处测量 5′- 肌苷酸二钠含量，可选择________灯，使用比色皿的材质是________比色皿。

5. 在紫外可见分光光度法中，透过样品池的入射光是（　　）。

A. 白光　　B. 单色光　　C. 混合光

二维码 3-4
习题参考答案

小组讨论

1. 紫外光区为什么不能使用玻璃比色皿？
2. 比色皿是否可以使用铬酸洗液清洗？
3. 各小组同学讨论并指出各结构部件在仪器中的可能位置及键盘按钮功能。

实训任务

安全小贴士
电源插头、插座保持干燥；
比色皿为易碎品，需要小心拿取。

1. 仪器基本操作

参考仪器使用说明，练习仪器基本操作，并完成下面的填空。

（1）接通电源，打开仪器开关，________暗箱盖，预热________ min；

（2）设定工作波长；

（3）手持毛玻璃面，比色皿使用待装溶液反复润洗 2 ～ 3 次后，用吸水纸吸干比色皿四周及底部的液滴，再用________纸小心擦拭光学面；

二维码 3-5
仪器使用说明书

（4）选择测量模式为 **τ 模式**，将盛装________溶液的比色皿透光面置于光路中，开暗箱盖调 0% τ，关暗箱盖调 100% τ，调整至数值稳定；

（5）选择测量模式为________模式，将盛装样品溶液的比色皿透光面置于光路中，测定其吸光度，及时填写仪器使用记录。

二维码 3-6
仪器基本操作

2. 正确使用分光光度计（表 3-3）

表 3-3　分光光度计的正确使用

项目	正确操作
开机	先插仪器插头，再开开关
预热	开机预热 30 min，并调整到检测波长
暗箱盖	仪器自检、仪器测量过程都不要开暗箱盖，以免影响结果的准确性
动作轻缓	避免旋钮力度过猛或按键力度过大；避免仪器剧烈振动
倾倒样品	不要在仪器的上方倾倒待测样品，以免不慎洒落，污染仪器
测量	待测液应尽快测量，避免有色物质的分解，影响检测结果
关机	先关开关，再拔电源插头，以避免下次开机时瞬间电流波动过大

二维码 3-7
仪器的正确使用

二维码 3-8
比色皿使用注意事项

项目 3

3. 比色皿使用注意事项

比色皿使用过程中应特别注意保护两个光学面，使用注意事项见表 3-4。

表 3-4　比色皿使用注意事项

序号	操作过程	注意事项
1	选择	紫外光区的检测必须用石英比色皿
2	拿取	应手持毛玻璃面，不要沾污或将比色皿的透光面磨损
3	润洗	盛装溶液前，应该用待装溶液润洗 3 次
4	倒入倒出	尽量从毛面切口倒入或倒出
5	盛装	盛装待测液体到皿高的 2/3 ～ 3/4
6	擦拭	用吸水纸吸比色皿四周及底部液滴，用擦镜纸小心擦拭光学面
7	清洗	水洗后，用 95% 乙醇或无水乙醇清洗，倒置晾干，装盒

4. 比色皿配套检验

二维码 3-9
比色皿配套性检验

在定量工作中，需要对比色皿做校准及配对工作，是为了消除或降低参比池和样品池对光的吸收、反射、折射等的不一致所导致的误差，提高测量的准确度。具体操作见表 3-5，并完成填空。

表 3-5 比色皿配套检验流程

序号	步骤	操作流程
1	检查	比色皿透光面应洁净，无划痕、斑点或裂纹
2	润洗	手持（　　）面，分别用待装溶液润洗 2 ～ 3 次
3	盛装	注入量到皿高的（　　　　）
4	擦拭	用（　　　　）纸吸比色皿四周及底部液滴，用（　　　　）纸小心擦拭光学面
5	上样	将两个待检比色皿放入样品槽，透光面置于光路并保持垂直
6	标记	τ 模式，关盖测量 τ 值大的做 0 号参比皿，另一个为 1 号样品皿
7	调零	将 0 号参比皿拉入光路，开盖调（　　）% τ、关盖调（　　）% τ
8	测 A	A 模式，将 1 号样品皿拉入光路，测 A_1，并记录
9	结论	若 $A_0=A_1$，则为配对比色皿；若 $A_0 \neq A_1$，则记录样品皿的皿差 A_1
10	应用	样品 $A_{真值}=A_{测量}-$ 皿差

在计量检定工作中，比色皿配套性要求应符合《紫外、可见、近红外分光光度计检定规程》(JJG 178—2007）的规定，装入蒸馏水，将一个比色皿的透射比 τ 调至 100%，测量其他各皿的透射比 τ，偏差小于 0.5% 的比色皿可配为一套，具体要求详见表 3-6。

表 3-6 比色皿配套性要求

比色皿类别	波长 / nm	配套误差 / %
石英	220	0.5
玻璃	440	0.5

实验记录

根据小组实验结果完成检验记录（表 3-7）。

表 3-7　比色皿配套检验记录

比色皿类别：	检测波长：　　　nm	比色皿规格：　　　cm
皿号	测量值	皿差
1		

评价反思

考核评价表见表 3-8。

表 3-8　考核评价表　　　　姓名：　　　　学号：

考核内容	考核技能点	配分	得分
比色皿使用	检查透光面，手持毛面，轻拿轻放	10	
	待装溶液润洗 2 ～ 3 次	10	
比色皿使用	盛装溶液的高度到皿高 2/3 ～ 3/4	10	
	吸水纸吸水，擦镜纸单向擦拭光面	10	
仪器操作	分光光度计的参比调零	10	
	正确测定吸光度	10	
整理	器皿洗涤，仪器整理，实验台清理	10	
文明操作	不浪费试剂耗材，无器皿破损	10	
数据记录	计算正确，结果填写规范，按时提交	10	
团队合作	积极沟通，主动与他人合作	10	
总分		100	

巩固习题

1. 用分光光度法测定吸光值 A 时，下列操作错误的是（　　）。
   A. 开电源后，关暗箱盖，预热 10 min
   B. 待测溶液注到比色皿高度的 2/3
   C. 比色皿透光面置于光路中
2. 氘灯 – 卤钨灯为（　　）的光源。
   A. 紫外可见吸收光谱仪　B. 原子吸收光谱仪　　C. 红外光谱仪

二维码 3-10
习题参考答案

3. 在分光光度分析中，一组合格的吸收池透射比之差应小于（　　）。

A. 0.5%　　B. 1%　　C. 5%

4. 紫外可见分光光度法测量吸光度读数时，放置样品池的暗室的翻盖必须盖上，原因是（　　）。

A. 防止空气氧化　　B. 防止灰尘沉降　　C. 防止外界光的干扰

5. 关于比色皿的使用下列说法正确的是（　　）。

A. 手持光面　　B. 待测溶液润洗 2～3 次　　C. 滤纸擦干比色皿外壁

小组讨论

各小组对照 UV6000 紫外可见分光光度计说明书，自学练习使用仪器，讨论完成简易操作规程。

技能基础 2　紫外可见分光光度法的定量与定性分析

学习要求

1. 能够正确使用移液管，熟练操作分光光度计。重点
2. 能够对未知溶液浓度进行比较法定量计算。重点难点
3. 能够理解溶液浓度、吸光度、最大吸收波长之间的关系。难点
4. 能够保持细致耐心、严谨的实验态度和团队合作精神。

学习导引

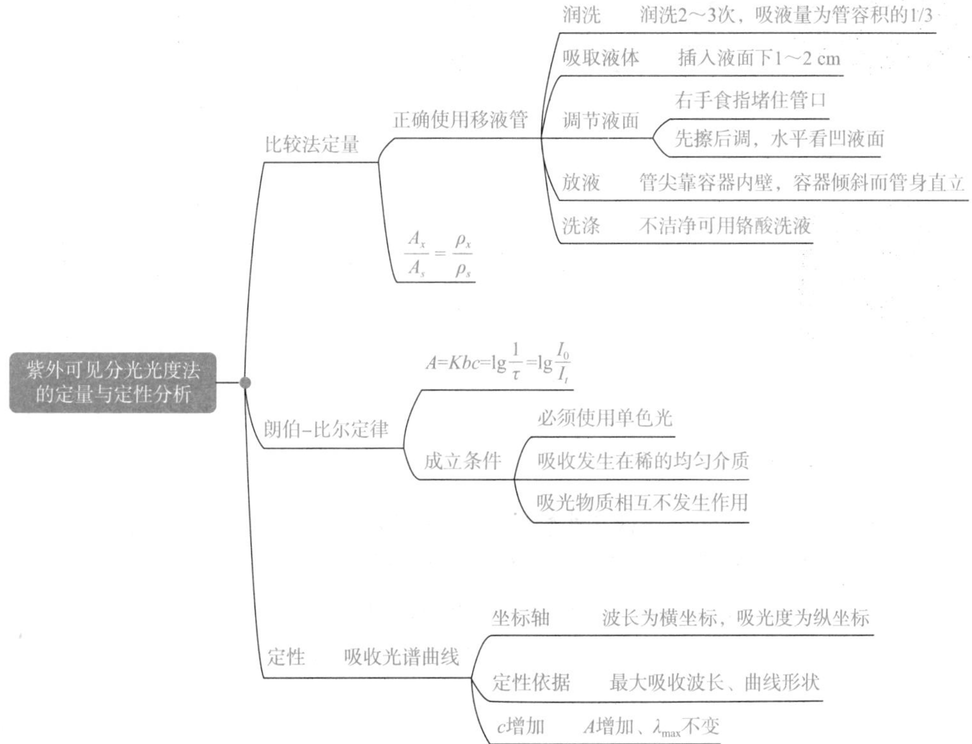

实训任务

已知 2.00 ～ 4.00 mg/mL $KMnO_4$ 溶液可以给种子消毒，实验室现有 1.00 mg/mL $KMnO_4$ 标准溶液和一份未知浓度的 $KMnO_4$ 溶液，请检查未知溶液的浓度是否可以用于种子消毒。

1. 实验设计

根据表 3–9 进行试样定量，参考实验设计简图（图 3–11）完成实验。

表 3–9　定量设计

数据 管号	$V_{取样}$/mL	加水至 / mL	稀释倍数
标液（1 号）	2.00	50.00	25
样液（2 号）	1.00	50.00	50

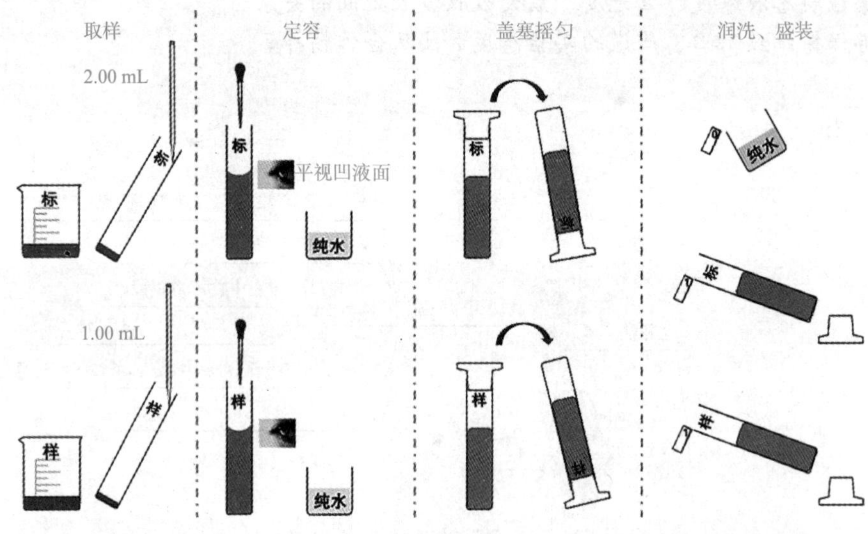

图 3–11　比较法定量实验设计简图

2. 定量操作

待测溶液少许分别润洗移液管和小烧杯后，分别取 2.00 mL 标样、1.00 mL 样品溶液于两支 50 mL 比色管中，纯水定容至刻度。盖塞摇匀，分别得到标品稀释液和样品稀释液。

> **安全小贴士**
> 玻璃器皿要小心使用；
> 破损器皿要告知教师再清理；
> 高锰酸钾溅到衣服上很难洗掉。

3. 测量操作（表 3–10）

表 3–10　测量操作步骤

序号	步骤	具体操作
1	润洗	待测纯水润洗 0 号比色皿，待测标品稀释液润洗 1 号比色皿
2	调零	设定检测波长为 525 nm，τ 模式下，纯水做参比校零
3	测 A	A 模式，分别测标品稀释液和样品稀释液的吸光度，并记录

4. 定量计算

本实验可以使用比较法进行定量。在一定条件下，溶液浓度 ρ 越大，颜色越深，溶质吸光能力越强，吸光度 A 越大，溶液浓度 ρ 与吸光度 A 成正比。若标品稀释液浓度 ρ_s 对应吸光度为 A_s，样品稀释液浓度 ρ_x 对应吸光度为 A_x，则：

$$\frac{A_x}{A_s}=\frac{\rho_x}{\rho_s} \tag{3-1}$$

将数据代入式（3-1）计算未知样品稀释液的浓度。

实验记录

写出计算过程，并填写原始记录（表 3-11）。

表 3-11　原始记录表

数据 管号	$\rho_{稀释前}$/mg · mL^{-1}	稀释倍数	$\rho_{稀释后}$/mg · mL^{-1}	吸光度 A
标液（1 号）	1.00	25		
样液（2 号）		50		

1. 计算过程

（1）求样品稀释液浓度 ρ_x。

（2）求样品原浓度 $\rho_{原样}$。

2. 结论

未知样浓度为________ mg/mL，________（符合 / 不符合）种子消毒要求。

评价反思

考核评价表见表 3–12。

表 3–12　考核评价表　　姓名：　　学号：

考核内容	考核技能点	配分	得分
学习态度	态度端正、积极思考、目标清晰	5	
器材准备	相应器材准备齐全、器皿能正确编号	5	
移液管使用	移液管握法正确，正确润洗	5	
	正确吸液，无吸冒、不吸过	5	
	取样正确，读数方法正确	5	
	正确移液，不滴洒	5	
	正确放液，熟练使用洗耳球	5	
比色管使用	胶头滴管微量定容，定容准确	5	
	比色管的摇匀操作，无滴落	5	
比色皿使用	检查透光面，手持毛面，轻拿轻放	5	
	待装溶液润洗 2 ～ 3 次	5	
	盛装溶液的高度到皿高的 2/3 ～ 3/4	5	
	吸水纸吸水，擦镜纸单向擦拭光面	5	
测量	分光光度计的参比调零	5	
	正确测定吸光度	5	
文明操作	不浪费试剂耗材，无器皿破损	5	
整理	器皿洗涤，仪器整理，实验台清理	5	
技术追求	操作熟练度，认真严谨	5	
团队合作	积极沟通，主动与他人合作	5	
数据记录	计算正确，结果填写规范，按时提交	5	
总分		100	

项目 3

朗伯 – 比尔定律：当一束平行单色光垂直照射到均匀、透明的稀溶液时，溶液的吸光度 A 与液层厚度 b，和溶液浓度 c 的乘积成正比，也称光吸收定律。

$$A=Kbc=\lg\frac{1}{\tau}=\lg\frac{I_0}{I_t} \tag{3-2}$$

式中，I_0 为入射光通量；I_t 为透射光通量；I_t/I_0 表示溶液对光的透射程度，即透射比 τ（图 3–12）；K 为吸光系数，它表示物质对某一特定波长光的吸收能力，K 越大，表示该物质对某波长光的吸收能力越强，测定的灵敏度也就越高。K 值大小取决于吸光物质的性质、入射光波长、溶液温度和溶液性质等，与液层厚度 b 和溶液浓度 c 无关。

根据朗伯 – 比尔定律，理论上吸光度 A 对溶液浓度 c 作图所得的直线的斜率为 Kb，截距为零。但实际上 A 与 c 的关系可能是非线性的，或者直线有截距，这种现象称为偏离朗伯 – 比尔定律（图 3–13）。关于朗伯 – 比尔定律的应用条件和引起偏离的主要原因对照分析详见表 3–13。

图 3–12　单色光通过溶液示意

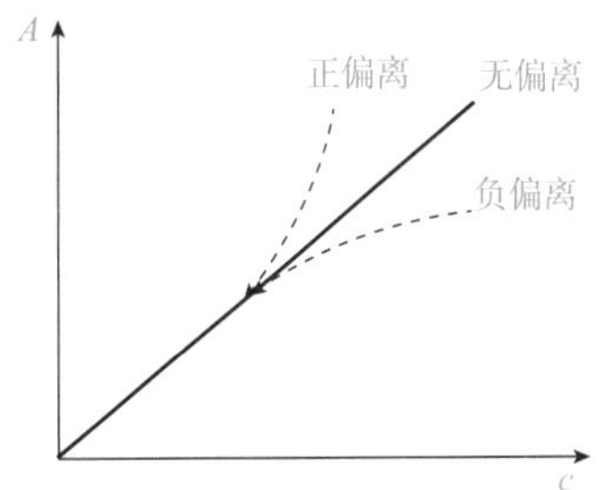

图 3–13　偏离朗伯 – 比尔定律示意

表 3–13　朗伯 – 比尔定律的应用条件与偏离原因

定律应用条件	偏离定律的主要原因
单色光入射	单色器可能提供的并非纯单色光，导致物质对其他波段光有吸收
稀的均匀介质	如果介质不均匀，光会发生折射、散射，溶液浓度 > 0.01 mol/L 会偏离定律
吸光物质稳定	溶液中的吸光物质因离解、缔合形成新化合物而改变了浓度

定性分析

紫外可见吸收光谱法是如何对物质进行定性分析的？

通过在相同的测定条件下，比较未知纯试样与已知标准物的吸收光谱曲线，如果它们的吸收光谱曲线完全等同，则可以认为它们有相同的生色团。

物质的吸收光谱曲线是将不同波长的光依次通过某一固定浓度和厚度的有色溶液，分别测量出它们对各种波长光的吸收程度 A。以波长为横坐标，以吸光度为纵坐标作图，画出一条曲线。它描述了物质对不同波长光的吸收程度。

如图 3-14 所示为三种不同浓度 $KMnO_4$ 溶液的吸收光谱曲线，由图可知以下三点。

（1）$KMnO_4$ 溶液对不同波长的光的吸收程度是不同的。在波长为 525 nm 处吸光度最大，在吸收光谱曲线上呈现出最大吸收峰，此处对应的波长为最大吸收波长 λ_{max}。

（2）不同浓度的 $KMnO_4$ 溶液吸收曲线的形状相似，吸收峰峰高会随浓度的增加而增高，但最大吸收波长不变。

（3）不同物质的吸收光谱曲线，其形状和最大吸收波长都各不同，因此吸收光谱曲线是物质定性分析的依据。

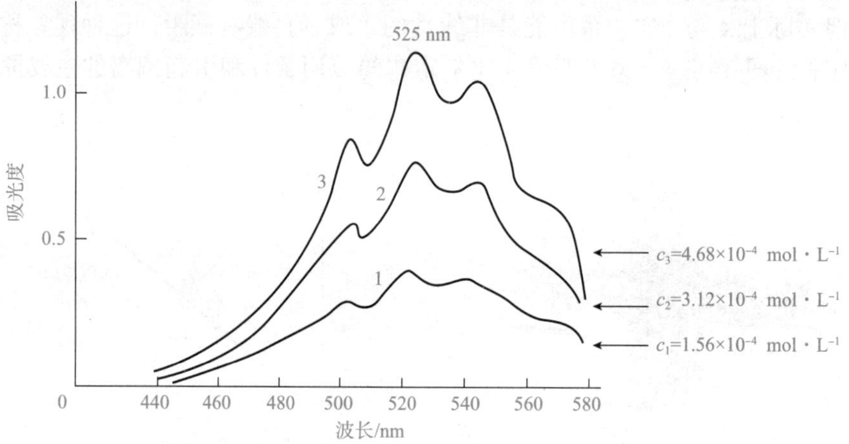

图 3-14　不同浓度 $KMnO_4$ 吸收光谱曲线

巩固习题

1. 吸光光度在 0.2 ～ 0.8 时测量的准确度较高，如果不在此范围可以通过（　　）和（　　）的方法来解决。(多选)

A. 改变入射波长　　B. 改变吸收池厚度　　C. 调整溶液浓度

2. 与朗伯 - 比尔定律的偏离无关的因素是（　　）。

A. 光的反射、折射　　B. 非单色光　　C. 吸收池的规格

3. 有一浓度为 c 的溶液，吸收入射光的 40%，在同样条件下，浓度为 $0.5c$ 的同一溶液的透光度为（　　）。

A. 20%　　B. 77%　　C. 36%

4. 在符合朗伯 - 比尔定律的范围内，溶液的浓度、吸光度、最大吸收波长 λ_{max} 三者的关系正确的是（　　）。

A. 增加、增加、增加　　B. 减小、减小、不变　　C. 增加、减小、不变

5. 下列说法正确的有（　　）。（多选）

A. 某物质的吸光系数与待测物结构、测定温度、待测物浓度有关

B. 选择最大吸收波长 λ_{max} 进行测定的原因是浓度的微小变化能引起吸光度的较大变化，提高了测定的灵敏度

C. 光谱吸收曲线可以获得吸收峰的位置，由此可以确定最大吸收波长

二维码 3-11
习题参考答案

小组讨论

1. 试想如果更换实验用比色皿的厚度，检测结果会如何变化？

2. 根据所学知识，谈谈什么是定量分析？什么是定性分析？

3. 查找资料，试分析使用比较法定量时，符合光吸收定律的标准溶液与试液浓度应接近的原因是什么。

任务1 亚硝酸盐的提取和净化

任务要求

1. 能够结合《食品安全国家标准 食品中亚硝酸盐与硝酸盐的测定》（GB 5009.33—2016）绘制试剂配制简图，按需正确配制实验试剂。难点
2. 能够学会亚硝酸盐的提取和净化流程，理解操作细节。重点
3. 能够保持严谨认真、细致耐心的实验态度和实验节约、安全意识。

任务导引

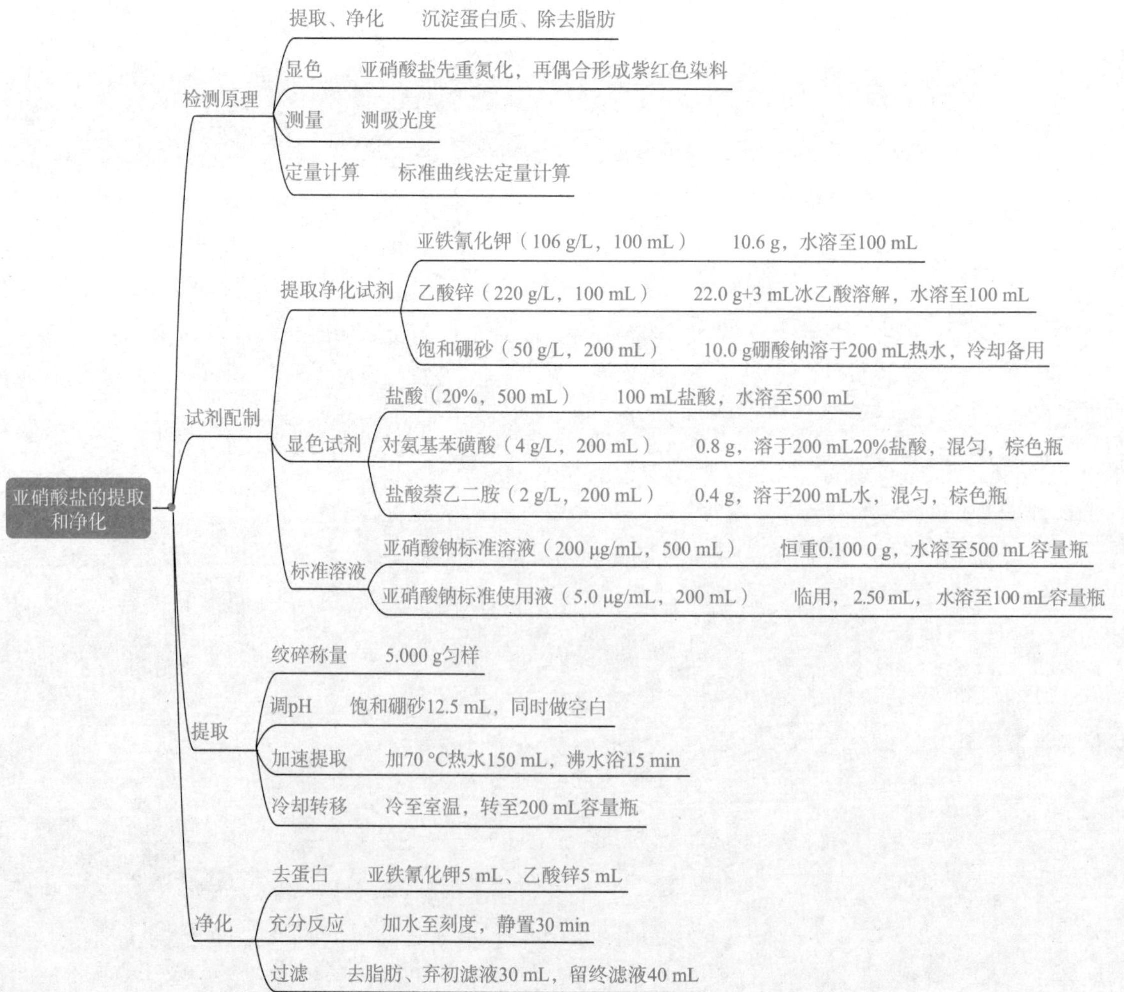

方法原理

1. 检验方法和指标（表 3–14）

表 3–14　香肠中亚硝酸盐（以 $NaNO_2$ 计）检测方法和指标

食品类别	依据标准	指标要求	检测方法
肉灌肠类	GB 2760	≤ 30 mg/kg	GB 5009.33—2016 第二法 分光光度法

2. 检验原理（表 3–15）

表 3–15　分光光度法检验亚硝酸盐

1	提取、净化	试样沉淀蛋白质、除去脂肪
2	显色	弱酸条件亚硝与对氨基苯磺酸重氮化，再与盐酸萘乙二胺偶合形成紫红色染料
3	测量	溶液颜色深浅与亚硝酸盐含量成正比，测吸光度
4	定量计算	标准曲线法测得亚硝酸盐含量

任务实施

安全小贴士

戴防护手套、口罩；安全用电；小心使用玻璃器皿；留意水浴水位高度；注意沸水浴的使用。

1. 准备实验器材（表 3–16）

表 3–16　实验器材

器材名称	数量	器材名称	数量	器材名称	数量	器材名称	数量

2. 配制实验试剂

结合《食品安全国家标准 食品中亚硝酸盐与硝酸盐的测定》（GB 5009.33—2016）完成表 3–17，并绘制试剂配制实验简图，要求细节清晰。

二维码 3–12
GB 5009.33—2016

表 3–17　试剂配制

试剂	配制方法
106 g/L 亚铁氰化钾溶液	称取 10.6 g 亚铁氰化钾，用水溶解，并稀释至 100 mL
亚铁氰化钾 10.6	100 mL 蒸馏水 106 g/L
220 g/L 乙酸锌溶液	称取（　　）g 乙酸锌，先加（　　）mL（　　　　）溶解，用水稀释至 100 mL
50 g/L 饱和硼砂溶液	称取（　　）g 硼酸钠，溶于 200 mL（　　　　）中，冷却后备用
20% 盐酸	量取（　　）mL 盐酸，用水稀释至 500 mL
4 g/L 对氨基苯磺酸溶液	称取（　　）g 对氨基苯磺酸，溶于 200 mL（　　　　）中，混匀，置（　　　　）瓶中，避光保存
2 g/L 盐酸萘乙二胺溶液	称取（　　）g 盐酸萘乙二胺，溶于 200 mL 水中，混匀，置（　　　　）瓶中，避光保存
200 μg/mL 亚硝酸盐标准溶液	准确称取（　　）g 于（　　　　）℃干燥恒重的亚硝酸钠，加水溶解，移入 500 mL 容量瓶中，加水稀释至刻度，混匀
5.0 μg/mL 亚硝酸盐标准使用液	临用前，吸取（　　）mL 亚硝酸钠标准溶液，置于 100 mL 容量瓶中，加水稀释至刻度

各小组修订实验简图，确定实验试剂配制方案，分组完成实验所需的试剂。

3. 亚硝酸盐的提取、净化

二维码 3-13
亚硝酸盐的提取

二维码 3-14
亚硝酸盐的净化

要检测食品中的亚硝酸盐含量，首先需要从样品中将待测成分提取和净化。具体方法：用四分法取适量或取全部，用食物粉碎机制成匀浆，备用；称取 5 g（精确至 0.001 g）匀浆试样（如制备过程中加水，应按加水量折算），置于 250 mL 具塞锥形瓶中，加 12.5 mL 50 g/L 饱和硼砂溶液，加入 70 ℃左右的水约 150 mL，混匀，于沸水浴中加热 15 min，取出置冷水浴中冷却，并放置至室温；定量转移上述提取液至 200 mL 容量瓶中，加入 5 mL 106 g/L 亚铁氰化钾溶液，摇匀，再加入 5 mL 220 g/L 乙酸锌溶液，以沉淀蛋白质；加水至刻度，摇匀，放置 30 min，除去上层脂肪，上清液用滤纸过滤，弃去初滤液 30 mL，滤液备用。

填写表 3-18，并对提取净化过程进行实验设计，要求思路清晰、图文并茂。

表 3-18　亚硝酸盐提取净化流程

<table>
<tr><th colspan="3">制备步骤</th><th>样 1</th><th>样 2</th><th>空白</th><th>操作目的</th></tr>
<tr><td rowspan="5">提取</td><td colspan="2">绞碎称样</td><td>g</td><td>g</td><td>—</td><td>样品定量</td></tr>
<tr><td colspan="2">50 g/L 饱和硼砂</td><td colspan="3">mL</td><td>调节 pH 值</td></tr>
<tr><td colspan="2">70 ℃ 热水</td><td colspan="3">mL</td><td rowspan="2">加速提取</td></tr>
<tr><td colspan="5">沸水浴（　　）min，冷水浴冷却至（　　　　　　）</td></tr>
<tr><td colspan="5">定量转移上述提取液至（　　　　　　）中</td><td>便于定量</td></tr>
<tr><td rowspan="5">净化</td><td colspan="2">106 g/L 亚铁氰化钾</td><td colspan="3">mL</td><td rowspan="2">去蛋白</td></tr>
<tr><td colspan="2">220 g/L 乙酸锌</td><td colspan="3">mL</td></tr>
<tr><td colspan="5">加水定容至（　　）mL，摇匀，静置（　　）min</td><td>充分反应</td></tr>
<tr><td rowspan="2">过滤</td><td>弃初滤液</td><td colspan="3">mL</td><td rowspan="2">得亚硝提取液</td></tr>
<tr><td>留终滤液</td><td colspan="3">mL</td></tr>
</table>

评价反思

考核评价表见表 3–19。

表 3–19　考核评价表

姓名：　　　　学号：

过程	考核内容	考核技能点	配分	得分
准备	学习态度	态度端正、自学充分，方案设计清晰	10	
	器材准备	相应器材准备齐全，器皿能正确编号	10	
提取	天平	正确调水平、归零，正确称样、记录	10	
	移液管	握法、润洗、取样、读数准确熟练	10	
净化	容量瓶	加液无滴洒、定容准确，正确混匀	10	
	过滤	正确搭建装置，操作正确、无满出	10	
其他	技术追求	操作熟练度，精益求精	10	
	文明操作	不浪费试剂耗材，无器皿破损	10	
	整理	器皿洗涤，仪器整理，实验台清理	10	
	团队合作	积极沟通，主动与他人合作	10	
总分			100	

理论提升

样品的一般要求

（1）采样应注意样品的生产日期、批号、代表性和均匀性（掺伪食品和食物中毒样品除外）。掺伪食品和食物中毒的样品采集要具有典型性。

（2）采集的数量应能反映该食品的卫生质量和满足检验项目对样品量的需要，一式三份，供检验、复验、备查或仲裁。一般散装样品每份≥ 0.5 kg。采样容器根据检验项目，选用硬质玻璃瓶或聚乙烯制品。

（3）液体、半流体饮食品（如植物油、鲜乳、酒或其他饮料），如用大桶或大罐盛装者，应先充分混匀后再采样。样品应分别盛放在三个干净的容器中。

（4）罐头、瓶装食品或其他小包装食品，应根据批号随机取样，同一批号取样件数：250 g 以上的包装≥ 6 个，250 g 以下的包装≥ 10 个。

（5）粮食及固体食品应自每批食品上、中、下三层中的不同部位分别采取部分样品，混合后按四分法对角取样，再进行几次混合，最后取有代表性的样品。

（6）肉类、水产等食品应按分析项目要求分别采取不同部位的样品或混合后采样。

（7）检验后的样品保存：一般样品在检验结束后，应保留一个月，以备需要时复检。易变质食品不予保留，保存时应加封并尽量保持原状。检验取样一般皆指取可食部分，以所检验的样品计算。

（8）感官不合格产品不必进行理化检验，直接判为不合格产品。

巩固习题

1. 下列试剂需要棕色瓶避光保存的有（　　）。（多选）

   A. 乙酸锌溶液　　B. 对氨基苯磺酸　　C. 盐酸萘乙二胺

2. 在亚硝酸盐的提取与净化过程中，加入饱和硼砂的作用是（　　）。

   A. 加速提取过程　　B. 调节 pH 值　　C. 沉淀蛋白质

3. 在亚硝酸盐的提取与净化过程中，加入亚铁氰化钾和乙酸锌的主要作用是（　　）。

   A. 调节 pH 值　　B. 沉淀蛋白质　　C. 除去脂肪

4. 亚硝酸盐提取和净化，滤纸过滤上清液，弃去初滤液 30 mL，继续过滤样品滤液（　　）mL，备用。

   A. 30　　B. 40　　C. 50

5. 关于样品的要求，下列说法正确的有（　　）。（多选）

   A. 四分法的作用是缩分样品

   B. 一般样品保存时间为 30 天

   C. 样品份数一般为 3 份，供检验、复验、备查或仲裁

二维码 3-15
习题参考答案

小组讨论

1. 提取液的定量转移操作需要注意哪些问题？

2. 试分析静置 30 min 后所得上清液仍然浑浊的可能原因。

任务 2　亚硝酸盐的显色测量

任务要求

1. 能够根据实验设计完成显色测量操作，理解操作细节。⚠ 重点
2. 能够保持细致严谨的实验态度和实验安全意识。

任务导引

- 亚硝酸盐的显色测量
  - 显色
    - 准备标准系列、平行样、空白样
    - 重氮化
      - 对氨基苯磺酸2 mL
      - 混匀静置3~5 min
    - 显色
      - 盐酸萘乙二胺1 mL
      - 加水至刻度
      - 混匀静置15 min
  - 测量
    - 开机预热，波长538 nm
    - 1 cm比色皿
    - 0号管调零，测A

安全小贴士
戴防护手套、口罩；玻璃器皿需小心使用和清洗；安全用电。

任务实施

二维码 3-16
显色操作

二维码 3-17
测量吸光度

可见分光光度法是利用测量有色物质对某一单色光的吸收程度来进行测定的定性定量分析方法。

亚硝酸盐本身无色，必须先通过显色处理，使其转变为能对可见光产生较强吸收的有色化合物，然后再进行光度分析。

显色操作：吸取 40.0 mL 滤液于 50 mL 带塞比色管中，另吸取 0.00 mL、0.20 mL、0.40 mL、0.80 mL、1.50 mL、2.00 mL 亚硝酸钠标准使用液（相当于 0.0 μg、1.0 μg、2.0 μg、4.0 μg、7.5 μg、10.0 μg 亚硝酸钠），分别置于 50 mL 带塞比色管中。于标准管与试样管中分别加入 2 mL 4 g/L 对氨基苯磺酸溶液，混匀，静置 3 ~ 5 min 后，各加入 1 mL 2 g/L 盐酸萘乙二胺溶液，加水至刻度，混匀，静置 15 min。

测量吸光度：用 1 cm 比色皿，以 0 号管调节零点，于波长 538 nm 处测吸光度，绘制标准曲线比较，同时做试剂空白，并完成表 3–20 的填写。

表 3–20　标准系列及样品比色液制备步骤与检测

管号 / 实验流程	标准系列						样品滤液 / mL		
	0	1	2	3	4	5	样 1	样 2	空白
5.0 μg/mL $NaNO_2$/mL							40.0	40.0	40.0
亚硝酸钠含量 *M*/μg									
对氨基苯磺酸 / mL									
混匀，静置（　　）min									
盐酸萘乙二胺 / mL									
定容	加水至（　　）mL 刻度，混匀，静置（　　）min								
测 A	波长（　　）nm，（　　）cm 比色皿，0 号管校零								

评价反思

考核评价表见表 3–21。

表 3–21　考核评价表　　　　姓名：　　　　学号：

过程	考核内容	考核技能点	配分	得分
准备	学习态度	方案清晰，器材准备充分，分工明确	10	
显色	移液管	握法、润洗、取样、读数准确熟练	10	
	比色管	比色管的微量定容和摇匀	10	
	流程	正确的试剂添加顺序和静置时间	10	
测量	比色皿	正确拿取、润洗、盛装和擦拭	10	
	仪器操作	正确调零操作，正确测定吸光度	10	
结束	关机	正确关机，盖好防尘罩	10	
其他	安全文明	不浪费试剂耗材，无器皿破损	10	
	技术追求	操作熟练度，精益求精	10	
	团队合作	积极沟通，主动与他人合作	10	
总分			100	

理论提升

问题 1：在标准系列溶液和样品滤液中加入对氨基苯磺酸溶液、盐酸萘乙二胺的作用是什么？

在弱酸条件下，亚硝酸盐与对氨基苯磺酸重氮化，再与盐酸萘乙二胺偶合形成紫红色染料，利用测量该有色物质就可以对某一单色光吸收程度进行含量测定。

问题 2：未知试液与标准溶液同时显色同时测定的目的是什么？

保证试样和工作曲线测定的实验条件（显色条件、测量条件）保持一致。其中，显色条件包括显色剂用量、溶液酸度、显色温度、显色时间和溶剂；测量条件包括入射光波长、参比溶液、比色皿厚度。

问题 3：工作波长为什么选择为 538 nm？

因为在 538 nm 波长下，能得到待测物的显色产物的最大吸光度 A_{max}，此波长是被测物质的最大吸收波长 λ_{max}。

问题 4：本实验的参比溶液为什么选择试剂参比？

选择参比溶液时，应尽可能抵消各种共存有色物质的干扰，使试液的吸光度真正反映待测物质的浓度。本实验中，显色剂或其他试剂在测试波长时也会有吸收，会对吸光度有微小的贡献，因此应采用试剂参比。即按显色反应相同条件，只是不加入试样，同样加入试剂和溶剂做参比溶液。

巩固习题

1. 当吸光度 $A=0.000$ 时，τ 为（　　）。

A. 0.0%　　B. 1.0%　　C. 100.0%

2. 使用可见分光光度法测食品中亚硝酸盐含量，使用的检测波长是（　　）nm。

A. 400　　B. 525　　C. 538

3. 在（　　）条件下，亚硝酸盐与对氨基苯磺酸发生重氮化反应后，与盐酸萘乙二胺结合形成紫红色染料。

A. 无氧、高温　　B. 有氧、低温　　C. 盐酸酸化

4. 紫外可见分光光度法制作标准曲线时，按（　　）浓度顺序测较好。

A. 低到高　　B. 高到低　　C. 任意

5. 在紫外可见分光光度法测定中，使用参比溶液的作用是（　　）。

A. 调节仪器透射比的零点

B. 调节入射光的光强度

C. 消除试剂等非测定物质对入射光吸收的影响

二维码 3-18
习题参考答案

小组讨论

1. 试分析如果颠倒对氨基苯磺酸和盐酸萘乙二胺的添加顺序会产生什么结果。

2. 如果实验室分光光度计出现故障不能使用，可以采用哪种方法判断亚硝酸盐是否超标？

任务 3　数据分析

任务要求

1. 能够使用 Office 软件绘制亚硝酸盐测定的标准曲线。重点
2. 能够按照标准计算样品中亚硝酸盐含量及检测结果的精密度，正确填写原始记录，并根据限量标准判定检验结果。重点难点
3. 能够知道仪器日常维护和使用时注意事项。重点
4. 能够根据实验数据积极反思，培养敬终慎始的细心和精益求精的工匠精神。

任务导引

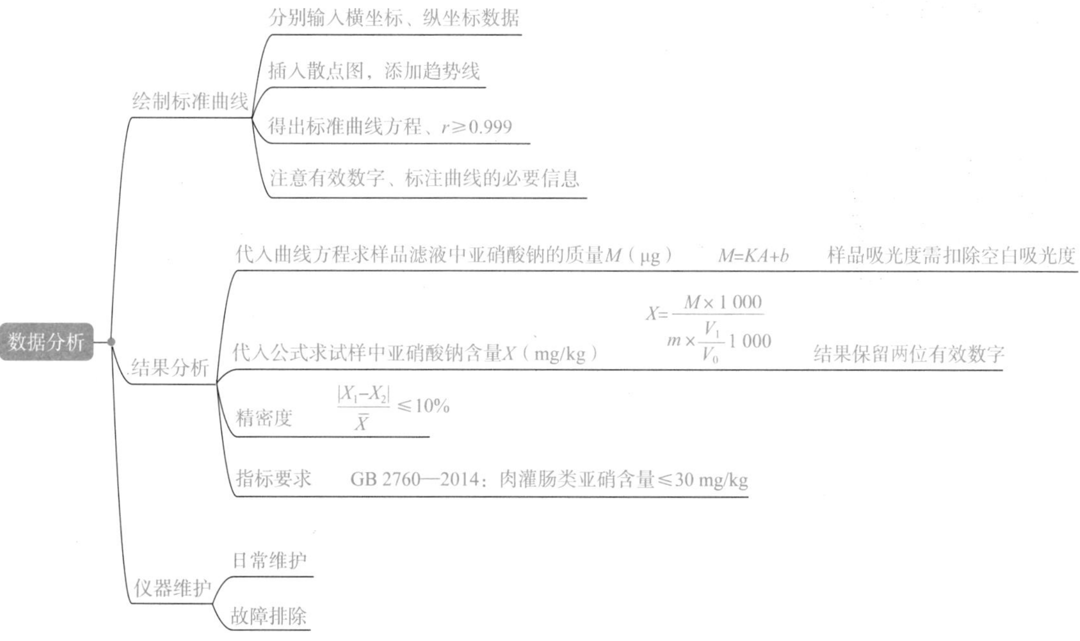

任务实施

1. 绘制标准曲线

二维码 3-19
绘制标准曲线

标准曲线法是实际工作中使用最多的一种定量方法。由公式 $A=Kbc$ 可知，在测量条件一致的条件下，吸光度 A 与浓度 c 成正比关系，若以 A 为纵坐标，以 c 为横坐标，可得一条直线即标准曲线。

项目 3

请参考绘制标准曲线视频，试以吸光度为横坐标，亚硝酸盐的质量为纵坐标，绘制亚硝酸盐检测的标准曲线，得出标准曲线方程和 r 值（图 3–15），并完成表 3–22 的填写。

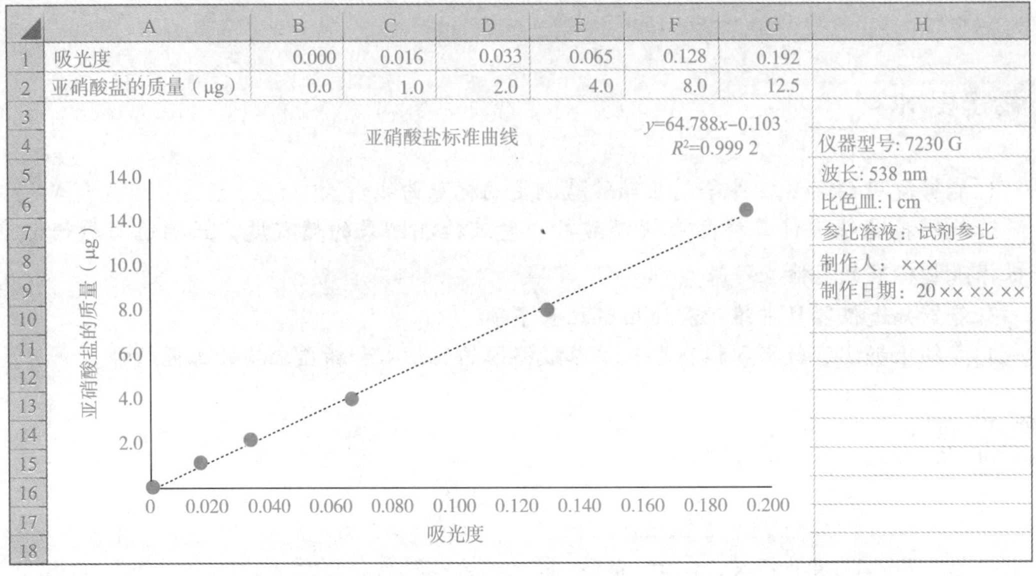

图 3–15　亚硝酸盐标准曲线图例

表 3–22　绘制标准曲线步骤

序号	绘制步骤
1	输入数据，以（　　　　　）作为横坐标 X，（　　　　　）作为纵坐标 Y
2	鼠标选取数据，工具栏中点击“插入”，选择“散点图”
3	右键点击图中的任一散点，在弹出的对话框中，点击选择“添加趋势线”
4	勾选“显示公式”和“显示 R 方值”
5	得到一条标准曲线及曲线方程（y=　　　　　　）和 r 值（　　　　）
6	“添加图表标题”，输入曲线名称；“添加坐标轴标题”，输入横、纵坐标名称、单位
7	标明仪器型号（　　）、工作波长（　　）、比色皿规格（　　）、参比溶液名称、制作者及制作日期

2. 结果计算

先将扣除空白的样液吸光度代入曲线方程，求出测定用样液中亚硝酸钠的质量 M；再将相关数据带入计算公式，求试样中亚硝酸钠的含量。

（1）代入曲线方程求测定用样液中亚硝酸钠的质量 M（μg）。

（2）代入计算公式，求试样中亚硝酸钠的含量 X（mg/kg）。

亚硝酸盐（以亚硝酸钠计）的含量按式（3–3）计算：

$$X=\frac{M\times 1\,000}{m\times\frac{V_1}{V_0}\times 1\,000} \tag{3–3}$$

式中　X——试样中亚硝酸钠的含量（mg/kg）；

M——测定用样液中亚硝酸钠的质量（μg）；

m——试样质量（g）；

V_0——试样处理液总体积（mL）（200 mL）；

V_1——测定用样液体积（mL）（40 mL）。

结果保留两位有效数字。

二维码 3–20
结果分析

（3）精密度：平行测定值的绝对差值不超过平均值的 10%。

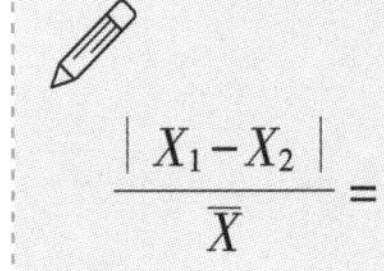

3. 结果判定

经实验测定样品中亚硝酸钠含量为________ mg/kg，______（符合 / 不符合）GB ________________对肉灌肠类亚硝酸钠残留量≤____ mg/kg 的规定，单项检验结果________。

完成表 3–23 食品中亚硝酸盐检测原始记录表的填写。

二维码 3–21
亚硝酸盐使用标准

表 3-23 食品中亚硝酸盐检测原始记录表

编号：

样品名称		样品编号		检测日期	
检测依据				检测地点	
仪器设备	□ YQ-____电子天平　□ YQ-____紫外可见分光光度计　□ YQ-				
实验环境	相对湿度　　% 室温　　℃	仪器条件	波长 λ:　　nm 比色皿：　　cm		
标准储备液	mg/L　编号：			标准工作液	mg/L

标准曲线								
序号	0	1	2	3	4	5	6	7
标准工作液加入体积 / mL								
亚硝酸钠含量 / μg								
吸光度								
工作曲线方程	$y=$				$r=$			

样品检验			
项目	单位	平行样品	
		1	2
试样质量 m	g		
试样处理液总体积 V_0	mL		
测定用样液体积 V_1	mL		
样液吸光度			
空白吸光度			
测定样液中亚硝酸钠质量 M	μg		
试样中亚硝酸钠的含量 X	mg/kg		
平均值 $\overline{X}$	mg/kg		

试样中亚硝酸钠含量计算公式：

$$X=\frac{M\times 1\,000}{m\times\frac{V_1}{V_0}\times 1\,000}$$

结果保留两位有效数字

精密度要求	$\frac{\lvert X_1-X_2\rvert}{\overline{X}}\leqslant 10\%$	实际精密度		精密度判定	□符合　□不符合
备注					
检测人		校核人		审核人	
日期		日期		日期	

评价反思

考核评价表见表 3-24。

表 3-24　考核评价表　　　　姓名：　　　　学号：

过程	考核内容	考核技能点	配分	得分
准备	学习态度	态度端正、自学准备充分	10	
结果分析	数据处理	正确绘制标准曲线，标注必要信息	10	
		相关系数 $r \geq 0.9998$ 得 10 分；$0.9998 > r \geq 0.9995$ 得 7 分；$0.9995 > r \geq 0.9990$ 得 4 分；$r < 0.999$ 不得分	10	
		准确计算，正确修约	10	
		精密度符合规定	10	
	记录报告	数据记录规范，报告清晰，结论正确	10	
其他	整理	处理废液，洗涤器皿，整理工作台	10	
	安全文明	无器皿破损，物品定置放回原处	10	
	团队合作	积极沟通，主动与他人合作	10	
	技术追求	严谨认真，按时、保质完成任务	10	
总分			100	

理论提升

（1）标准曲线定量法注意事项。

1）在测量范围内，配制的标准溶液系列，已知浓度点不得小于 6 个（含空白浓度）。

2）制作校准曲线用的容器和量器，应经检定合格，如使用比色管应配套。

3）标准曲线相关系数 r 接近 1，说明标准曲线线性好，一般要求相关系数 $r \geq 0.999$，否则需要从方法、仪器、量器及操作等因素查找原因，改进后重新制作。

二维码 3-22
标准曲线法定量注意事项

4）相关系数 r 只舍不入，保留到小数点后出现非 9 的一位，如 0.999 89 → 0.999 8。如果小数点后都是 9，最多保留小数点后四位。

5）标准曲线应该定期校准。如果实验条件不改变，则需要间隔分析已知浓度的标准样进行校正。单点校准方法可参照《基于标准样品的线性校准》（GB/T 22554—2010）。

（2）对某种物质进行分析，选择分析法时应考虑分析结果要求的准确度、精密度、实验室具有的设备条件、成本核算及工作人员的工作经验等因素。请查阅《食品安全国家标准 食品中亚硝酸盐与硝酸盐的测定》（GB 5009.33—2016），完成表 3-25。

表 3-25　亚硝酸盐检测方法及主要检测仪器

序号	检测方法	主要仪器设备	检出限
1			
2			

（3）请查阅相关资料，根据亚硝酸盐检测项目所属分类，列出相应的检测依据、检测方法及适用的食品类别，完成表 3-26 的填写。

表 3-26　亚硝酸盐检测依据和检测方法

项目所属分类	依据法律法规或标准	检测方法	食品类别举例
食品添加剂（以 $NaNO_2$ 计）			
非法添加物（以 $NaNO_2$ 计）	卫生部、国家食品药品监督管理局公告 2012 年第 10 号		
污染物（以 $NaNO_2$ 计）			
污染物（以 NO_2^- 计）			

二维码 3-23
仪器日常维护和保养

1. 仪器日常维护保养（表 3-27）

表 3-27　分光光度计日常维护保养

项目	日常维护保养
温度、湿度	室内温度：5 ℃～35 ℃，相对湿度 45%～65%
工作台	稳固、防震
光线	室内照明不宜过强，避免阳光直射
供电	电压稳定、良好接地，可配稳压电源
仪器光源	避免短时间内频繁开关灯；连续使用尽量不超过 3 h；若需要长时间使用，最好间歇 30 min
仪器洁净	保持清洁避免积灰沾污；及时更换干燥剂；使用完毕盖防尘罩
定期维护	仪器若长期不用需定期通电，20～30 分 / 次，维持仪器性能
比色皿	注意保护比色皿的两个光学面，保持清洁状态

2. 仪器常见故障原因及排除方法（表 3–28）

表 3–28　分光光度计常见故障分析

常见故障现象	可能原因	排除方法
τ 调不到 0%	（1）光门漏光 （2）暗盒受潮 （3）放大器损坏	（1）修理光门 （2）更换干燥剂 （3）联系厂家或代理商
τ 调不到 100%	（1）光源不亮 （2）样品室有挡光现象 （3）放大器损坏或光路不准	（1）检查光源电路 （2）检查样品室 （3）联系厂家或代理商
显示不稳定	（1）仪器预热时间不够 （2）比色皿不干净 （3）电噪声太大 （4）环境振动、气流过大或强光照射	（1）延长预热时间 （2）擦净比色皿 （3）更换干燥剂或检查电路故障 （4）改善环境条件
测试数据重复性差	（1）池或池架晃动 （2）溶液有气泡 （3）仪器噪声大 （4）样品光化学反应	（1）卡紧池架或池 （2）更换溶液 （3）检查电路 （4）加快测试速度

二维码 3–24
仪器常见故障分析

巩固习题

1. 测得的吸光度有问题，可能的原因包括（　　）。(多选)
   A. 比色皿润洗不到位　　B. 比色皿配套性不好　　C. 比色皿毛面放于透光位置
2. 测量范围内配制标准溶液系列，已知浓度点不得小于（　　）个（含空白浓度）。
   A. 4　　B. 5　　C. 6
3. 紫外可见分光光度法用标准曲线法测定溶液浓度时，未知溶液的浓度应（　　）。
   A. 小于最低的标准溶液的浓度
   B. 大于最高的标准溶液的浓度
   C. 在最小浓度与最大浓度区间
4. 标准曲线法测定溶液浓度，计算得到未知样液的浓度的单位（　　）。
   A. μg/mL　　B. mg/L　　C. 与标准溶液一致
5. 下列说法错误的是（　　）。
   A. 标准曲线的横坐标和纵坐标的数字需要保留相应的有效位数
   B. 标准曲线的相关系数 r 值越接近 1，说明曲线的线性关系越好
   C. 将样品滤液的吸光度带入工作曲线方程，就可以直接得到香肠中亚硝酸盐含量

二维码 3–25
习题参考答案

小组讨论

1. 样品、试剂器材相同，但是各组检测数据差别较大，试分析造成差别的可能原因。

2. 当实验条件不变时，标准曲线不需要重新绘制，各小组试讨论设计肉制品企业亚硝酸盐的日常检验流程。

延伸阅读

光度分析装置和仪器的新技术

为适应科学发展的需要，广大分析科研人员正在为克服光度分析的某些局限，探索新的显色反应体系，改进分析分离技术，开发数据处理方法，研制新的仪器设备和方法联用等方面进行着不懈的努力，并取得了一定的成效。

激光器是作为分光光度计光源研究的重点。利用激光器的高发射强度产生了光声和热透镜光度分析方法，用其单色性提高光度分析的光谱分辨和灵敏度，用其易聚焦的特性辐射于毛细管中作为检测光源。在一般光源中，用光发射二极管、钨卤灯或氘灯代替钨灯，不仅光强度增大，使用寿命增长，而且响应波长范围扩宽。

目前已研究出各种不同规格的吸收池，如体积小至数十微升，长达百米，可由 5 μm ～ 10 cm 的可变池；不同性能的吸收池，如可搅拌、可温控、高温、高压、低温及低压池等；不同用途的吸收池，如流动分析用、动力学用、过程分析用和生物分析用的流动池及光纤池等。

常用的光电倍增检测器在长波段灵敏度较差，现正在研究和应用各种可在全波长同时记录的检测器，如硅光二极管阵列、光敏硅片、电荷耦合器件及在不同波长处 2 种或 3 种以上检测器的联用；还报道了可以测量薄膜厚度，直接观察抗原层吸附抗体的装置等。

项目 4　原子吸收检测茶叶中重金属铅

案例分析

据某市市场监管局公布的食品安全抽样检验情况通报显示，1 批次标称某茶叶有限公司生产的普洱沱茶（熟茶）被检测出铅（以 Pb 计）检测值为 9.13 mg/kg，不符合食品安全国家标准要求。对抽检中发现的不合格产品，省市场监督管理局将责成企业所在地监管部门按照《中华人民共和国食品安全法》的规定，责令生产经营企业及时采取下架、召回等措施，进一步调查处理，查明生产不合格产品的批次、数量和成因，制定整改措施。

请对下列问题进行回答和分析。

1. 铅中毒有哪些危害？
2. 哪些食品行业易出现铅中毒问题？

相关法规标准链接
《食品安全国家标准　食品中污染物限量》(GB 2762—2022) 规定：茶叶中铅含量（以 Pb 计）≤ 5.0 mg/kg
《中华人民共和国食品安全法》第三十四条　禁止生产经营下列食品、食品添加剂、食品相关产品：(二) 致病性微生物，农药残留、兽药残留、生物毒素、重金属等污染物质以及其他危害人体健康的物质含量超过食品安全标准限量的食品、食品添加剂、食品相关产品；第六十三条　国家建立食品召回制度：食品生产者发现其生产的食品不符合食品安全标准或者有证据证明可能危害人体健康的，应当立即停止生产，召回已经上市销售的食品，通知相关生产经营者和消费者，并记录召回和通知情况
《食品安全抽样检验管理办法》第四十条　食品生产经营者收到监督抽检不合格检验结论后，应当立即采取封存不合格食品，暂停生产、经营不合格食品，通知相关生产经营者和消费者，召回已上市销售的不合格食品等风险控制措施，排查不合格原因并进行整改，及时向住所地市场监督管理部门报告处理情况，积极配合市场监督管理部门的调查处理，不得拒绝、逃避

项目描述

铅在自然界分布很广，各种食品、水、空气中均含有微量的铅。近几年来，由于茶叶种植环境和生产加工过程的污染，茶叶中重金属残留引发的问题日益严重。

我们实验的方法参照《食品安全国家标准 食品中铅的测定》（GB 5009.12—2017）。结合企业检验实际，选择第二法火焰原子吸收光谱法检测铅的含量，检测仪器是原子吸收光谱仪，定量方法是标准曲线法。为保证实验顺利进行，在开展检测任务前，需要了解检测仪器的结构原理，熟练仪器操作。

技能基础1 原子吸收光谱法的基本操作技术

学习要求

1. 能够说出原子吸收光谱仪的基本结构、位置及部件作用。⚠重点
2. 能够正确使用原子吸收光谱仪。⚠重点
3. 保持严谨求实的实验态度、团结进取的合作精神，并具有实验安全防护意识。

学习导引

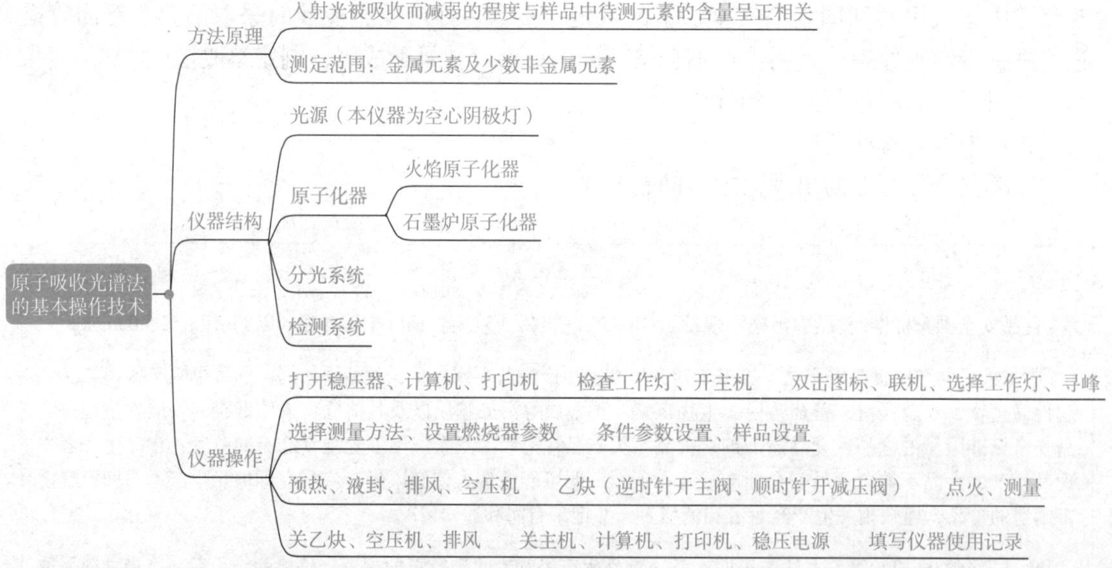

方法原理

原子吸收是基于原子对特征辐射的吸收（图4-1）建立的一种分析方法，当光源辐射出的待测元素的特征光谱，通过样品的原子蒸气时，被待测元素的基态原子所吸收（图4-2），在一定范围与条件下，入射光被吸收而减弱的程度与样品中待测元素的含量成正相关，由此可得出样品中待测元素的含量。此方法主要测定金属元素及少数非金属元素，应用于定量分析。

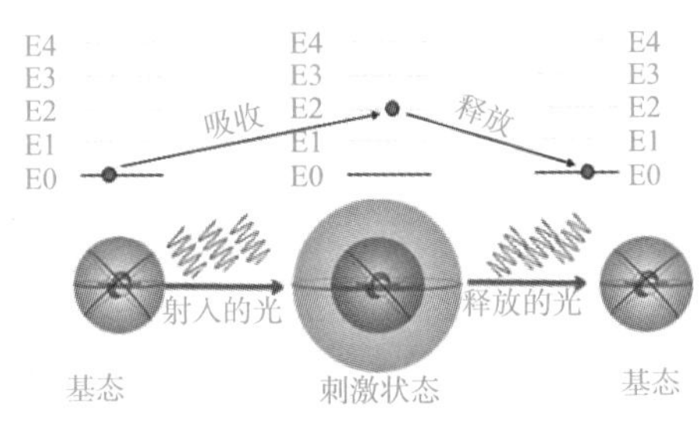

图 4-1　原子吸收和发射示意图

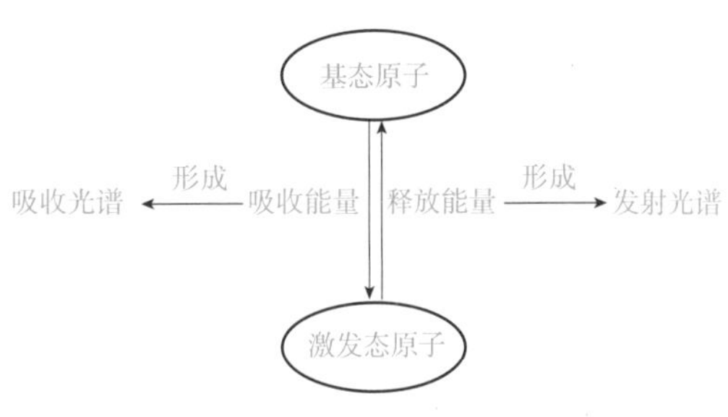

图 4-2　自发发射示意图

仪器结构

二维码 4-1
仪器结构原理

1. 仪器的基本结构

原子吸收光谱仪（图 4–3）由光源、原子化器、分光系统及检测系统四个部分构成。

（1）光源。光源的作用是产生原子吸收所需要的特征谱线。光源的要求是能发射待测元素的共振线；辐射光的强度大，稳定性好；使用寿命长；价格低。它的类型主要有空心阴极灯、无极放电灯、蒸气放电灯、激光光源灯几种。目前，原子吸收光谱仪普遍使用的是空心阴极灯，如图 4–4、图 4–5 所示。并且空心阴极灯的阴极金属元素要与待测元素相同。

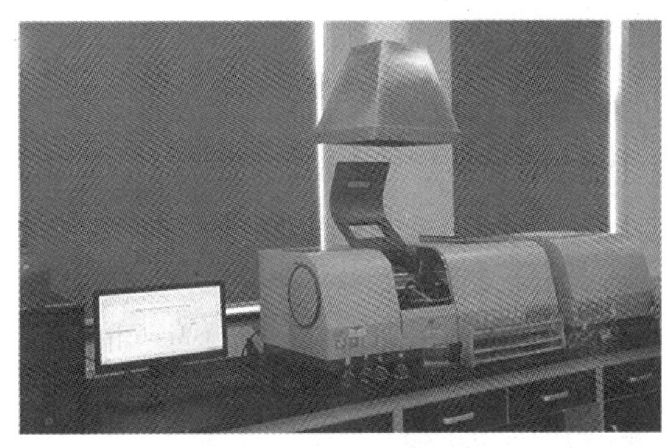

图 4–3　原子吸收光谱仪

请思考测定茶叶中的铅需要选择什么样的阴极灯做光源?

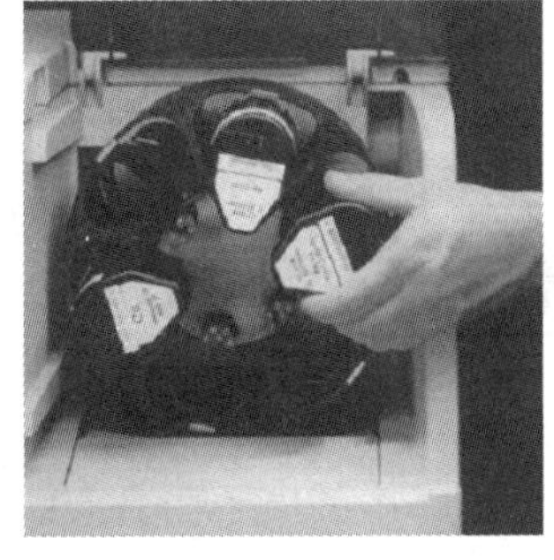

图 4–4　空心阴极灯与灯座图

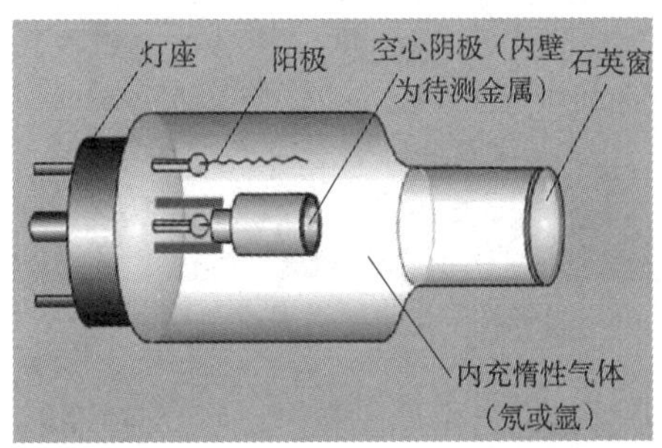

图 4–5　空心阴极灯内部结构图

（2）原子化器。原子化器的作用是将待测样品中待测元素变成气态的基态原子。它的种类有两种，分别是火焰原子化器和石墨炉原子化器，具体见表 4–1。

表 4-1 原子化器分类

原子化器分类	火焰原子化器	石墨炉原子化器
组成部分	雾化器、预混合室、燃烧器	加热电源、石墨管、炉体
常用燃气	乙炔	无
助燃气	空气	无
保护气	无	氩气
冷却设备	无	循环水冷却

1）火焰原子化器由雾化器、预混合室和燃烧器三部分组成，是利用火焰使试液中的元素变为原子蒸气的装置。原子化器对原子吸收光谱法测定的灵敏度和精度有重大的影响。

火焰原子化器（图 4-6）中雾化器的作用是将分析样品雾化，形成气溶胶。雾滴越细越易干燥、融化和汽化，生成的自由原子也就越多，测定灵敏度也就越高。雾化器里面连接的是预混合室，它的作用是使试液雾滴进一步细化并与燃气均匀混合，以获得稳定的层流火焰。为达到此目的，常在雾化器设有撞击球、扰流器及废液排出口等装置。大雾滴或液滴凝集后由废液口排出，之后直径小而均匀的细小雾粒被引进燃烧器。燃烧器的作用是产生火焰并使样品原子化。被雾化的试液进入燃烧器，在燃烧的火焰中受热解离成基态自由原子蒸气。在火焰原子化中，通过混合助燃气和燃气，液体试样雾化并带入火焰中进行原子化。复杂的原子化过程直接限制了方法的精密度，成为火焰原子光谱中十分关键的一步。

2）石墨炉原子化器（图 4-7）由加热电源、石墨管、炉体三部分组成。加热电源供给原子化器能量，一般采用低压、大电流的交流电，炉温度可在 1 ～ 2 s 达到 3 000 ℃。石墨管由致密石墨制成，管中央开一孔，用于注入试样合适保护气体通过。炉体包括石墨管座、电源插座、水冷却外套、石英窗和内外保护气路。常用的保护气为氩气。

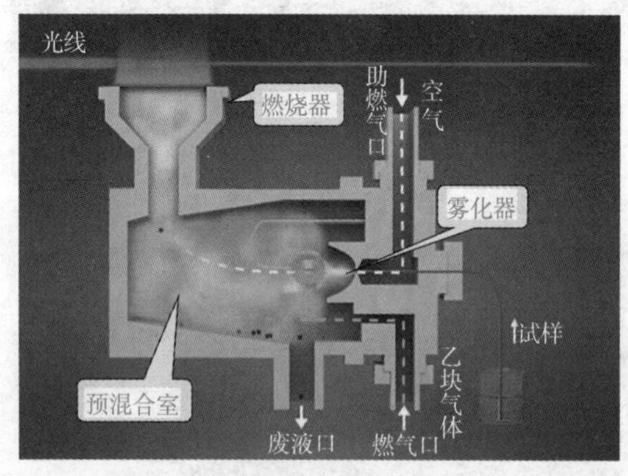

图 4-6 火焰原子化器结构图

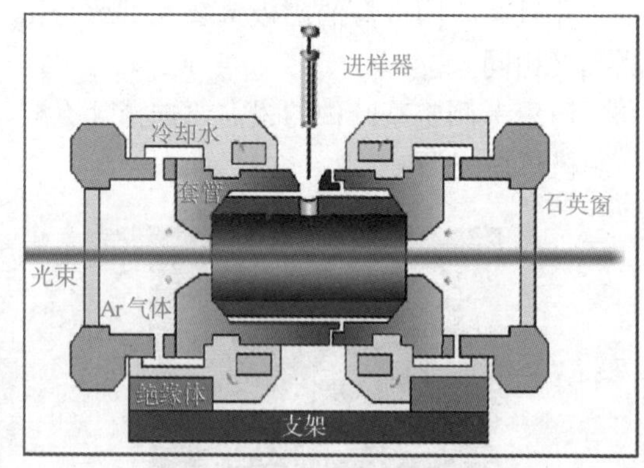

图 4-7 石墨炉原子化器结构

当有辐射通过自由原子蒸气，且入射辐射的频率等于原子中的电子由基态跃迁到较高能态所需要的能量频率时，原子就要从辐射场中吸收能量，产生共振吸收，电子由基态跃迁到激发态，同时伴随着原子吸收光谱的产生。

（3）分光系统。在分光系统中，原子吸收一般用光栅进行分光，它的作用是将待测元素的吸收线与邻近线分开。分光系统主要由入射狭缝、出射狭缝和色散元件（棱镜或光栅）

组成（图 4–8）。

（4）检测系统。检测系统由光电转换器、信息放大器和显示记录器等组成。检测系统将接收到的光信号转换为电信号并放大，然后转化为可供分析的数据，最后由计算机进行处理。

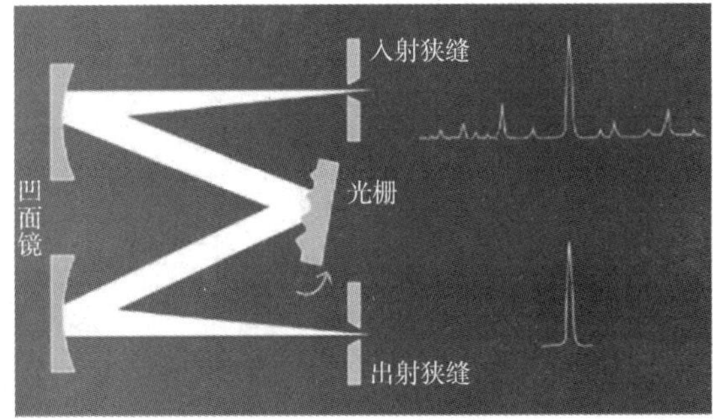

图 4–8　分光系统原理图

2. 原子吸收光谱仪结构流程图

分析过程：光源发射特征谱线，进入原子化器，试样在这里转化为原子蒸气，然后进入分光系统，分离出特征谱线，最后进入检测系统，经过信号转换、放大显示在计算机软件里（图 4–9）。

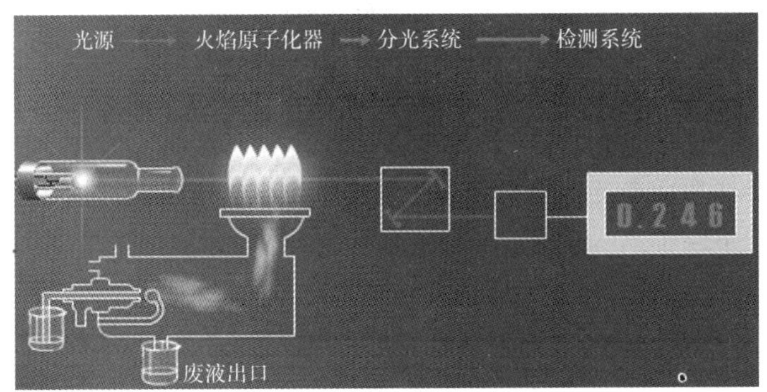

图 4–9　原子吸收光谱仪结构流程

巩固习题

1. 完成表 4–2 的填写。

表 4–2　原子吸收光谱仪的结构及其作用

组成部件	作用
	产生原子吸收所需要的特征谱线
	将待测样中待测元素变成气态的基态原子
	将待测元素的吸收线与邻近线分开
	接收信号，转化为数据并用计算机进行处理

2. 原子吸收原子化器分为________和________两类。

3. 原子吸收分光光度计的结构流程图的正确顺序是（　　）。

A. 光源→分光系统→原子化器→检测系统

B. 光源→原子化器→分光系统→检测系统

C. 原子化器→分光系统→光源→检测系统

4. 火焰原子吸收分光光度法最常用的燃气和助燃气为（　　）。

A. 乙炔 - 空气　　B. 氢气 - 空气　　C. 氮气 - 空气

5. 入射光被吸收而减弱的程度与样品中待测元素的含量（　　）。

A. 成正比　　B. 成反比　　C. 无关

6. 空心阴极灯为（　　）分析方法的光源。

A. 紫外可见吸收光谱法

B. 原子吸收光谱法

C. 红外吸收光谱法

二维码 4-2
习题参考答案

小组讨论

1. 原子吸收实验室对实验环境有什么要求？为什么需要配备空调和窗帘？
2. 从实验安全角度考虑，实验室应准备哪些器材？

实训任务

结合实验室原子吸收分光光度计，各小组同学讨论并指出各结构部件在仪器中的可能位置，练习仪器基本操作。

安全小贴士

电源插头、插座保持干燥；

避免强光照射；气体管路连接应严密，可用皂膜法检漏。

1. 开机

（1）依次打开稳压器、计算机、打印机（图 4–10）。

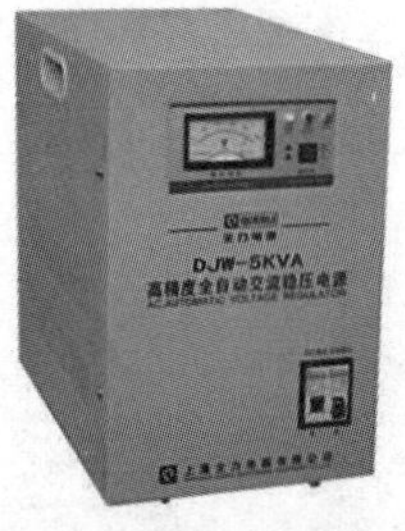

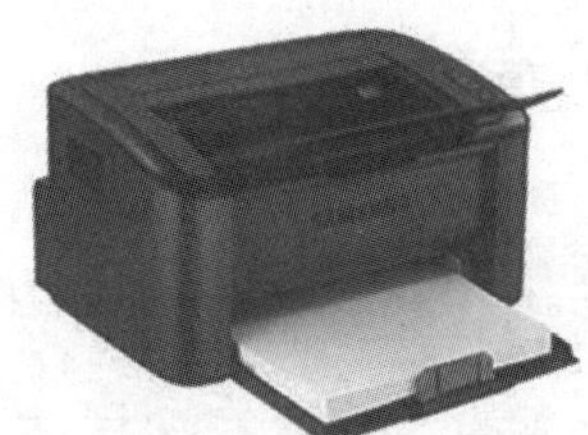

图 4–10　稳压器、计算机、打印机

（2）检查确定仪器工作灯所在位置（图 4–11），开启仪器主机电源（图 4–12）。注意：如果先开主机电源后开计算机，可能造成计算机和主机无法联机。

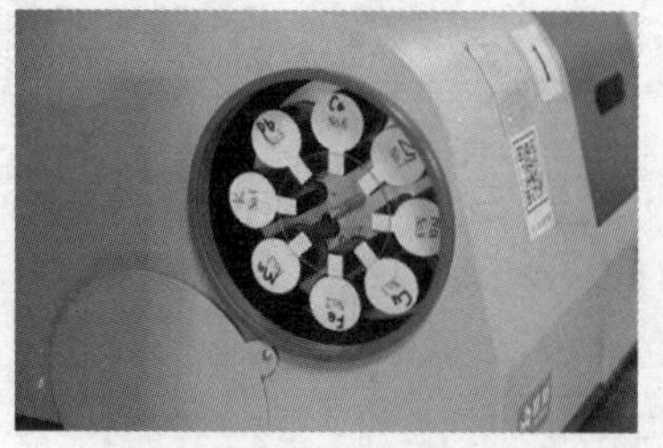
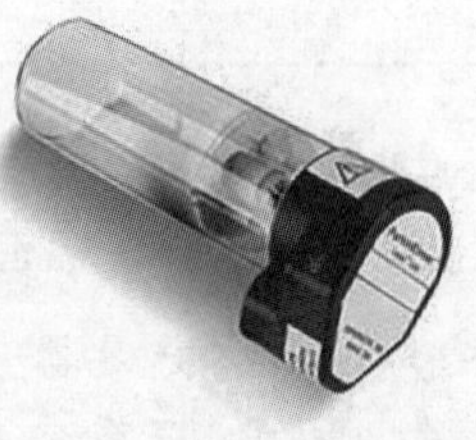

图 4–11　空心阴极灯

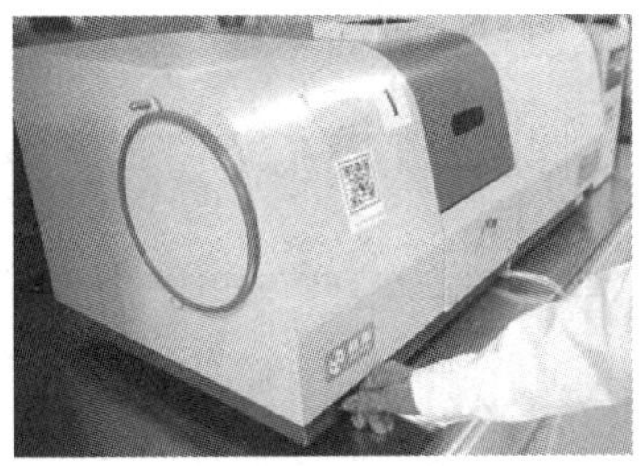

图 4-12　仪器主机电源开关位置

（3）双击计算机桌面的“AAwin”图标，打开操作软件，选择“联机”模式，系统自动进行初始化（图 4-13）。

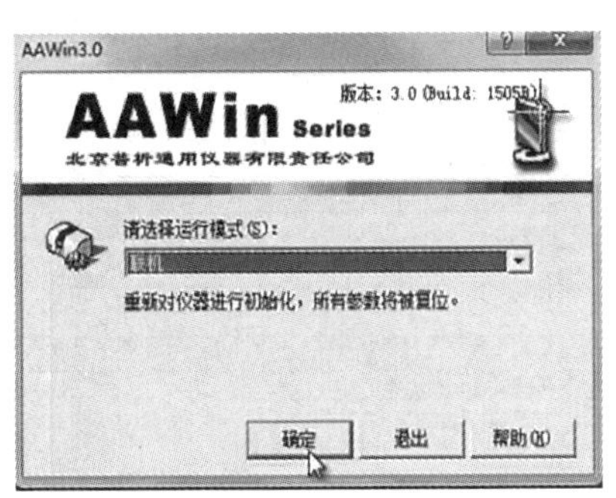

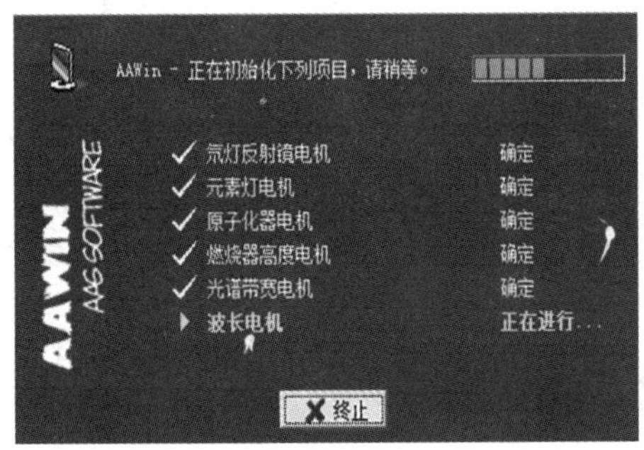

图 4-13　联机和初始化界面

2. 设置元素参数

（1）选灯。如果自检各项都“正常”，仪器将自动进入“选择工作灯及预热灯”界面。选择正确的工作灯和预热灯（图 4-14），按照提示进行下一步操作。

（2）设置元素的测定参数（图 4-15）。一般按默认值即可，设置“燃气流量”为 1 300～2 000 mL/min 均可，单击“下一步”按钮。

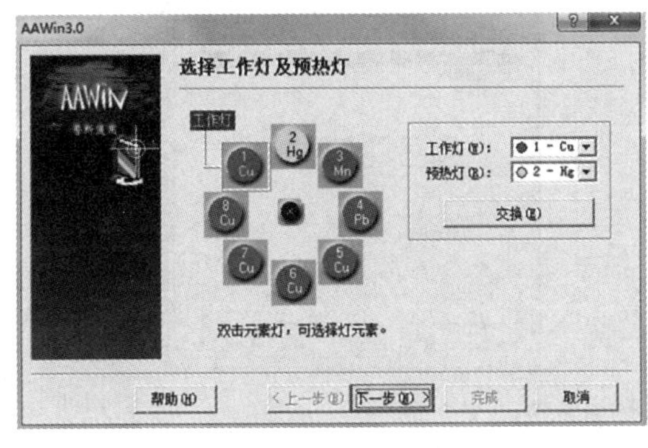

图 4-14　选择工作灯

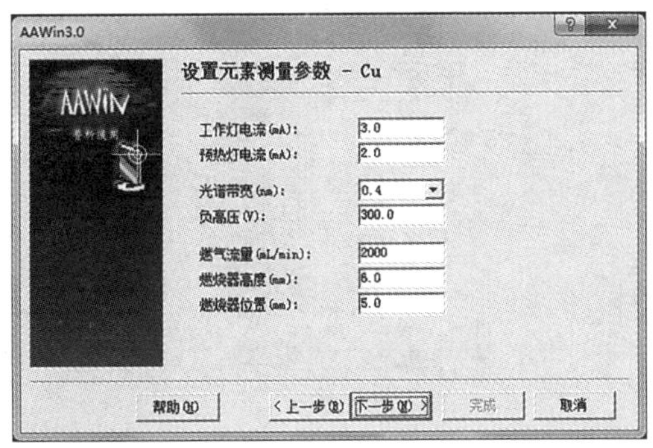

图 4-15　设置元素参数

（3）单击“寻峰”按钮，仪器开始自动寻找指定的测定波长（需要 2～5 min）。待出现峰形图，寻峰完毕，关闭寻峰窗口（图 4-16），单击“下一步”按钮，再单击“完成”按钮，仪器进入元素测量主界面（图 4–17）。

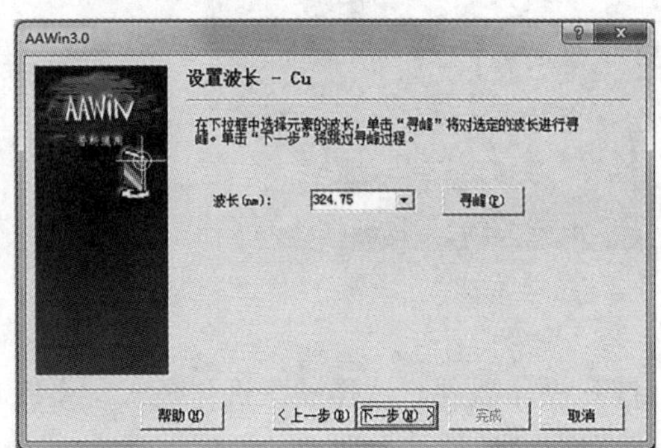

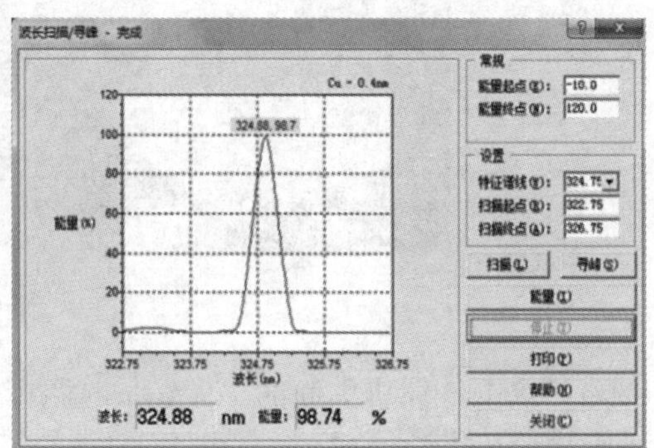

图 4–16　寻峰

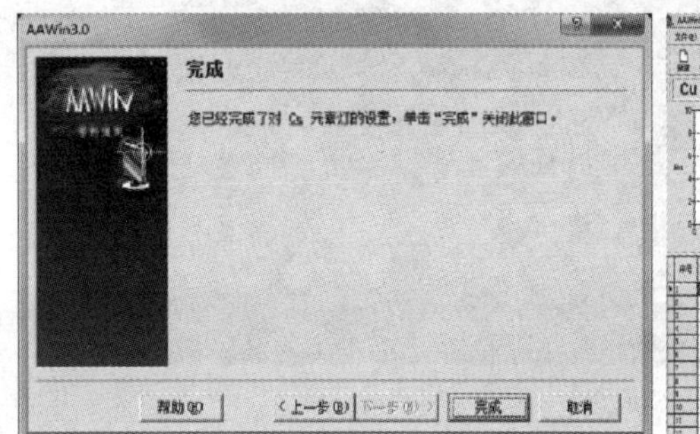

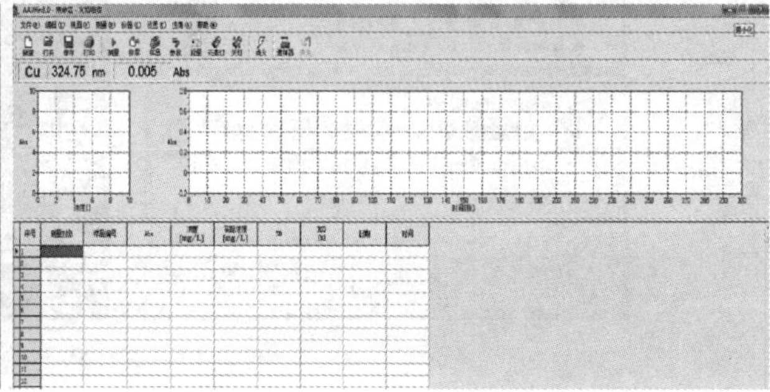

图 4–17　设置完成和测量主界面

3. 设置测量参数

（1）选择测量方法：执行“仪器”→“测量方法”命令，选择“火焰吸收”选项，单击“确定”按钮（图 4–18）。

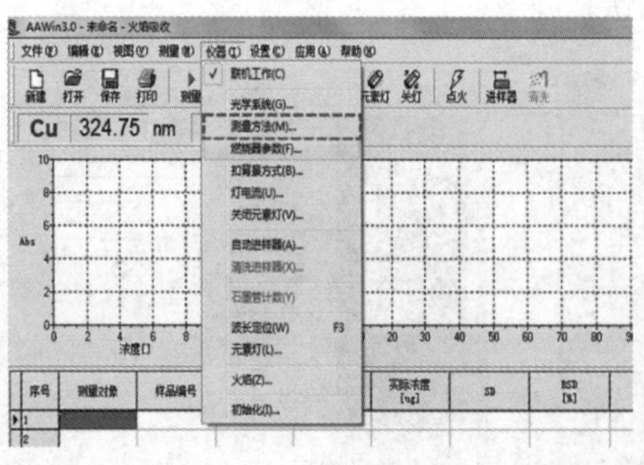

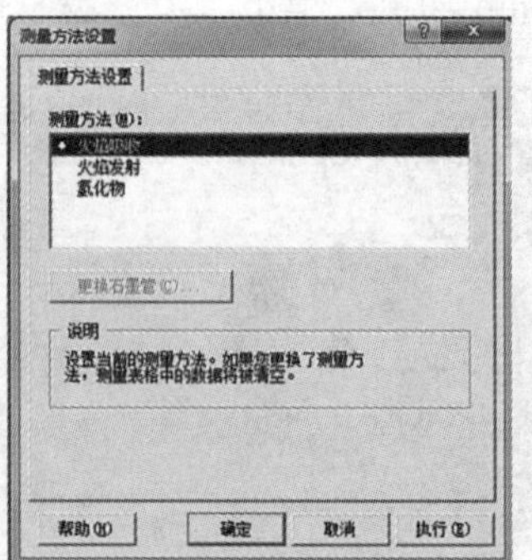

图 4–18　选择测量方法

（2）燃烧器参数设置：执行“仪器”→“燃烧器参数”命令，选择适当的“燃气流量”和“高度”（图 4–19）。反复调整燃烧器位置，使元素灯光束从燃烧器缝隙正上方通过（图 4–20）。

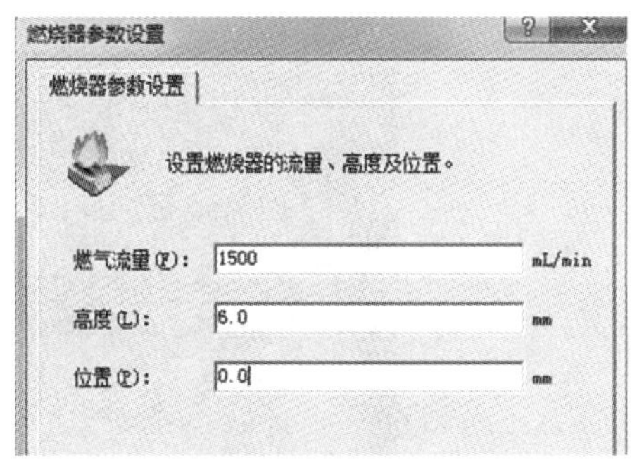

图 4-19　设置燃烧器参数

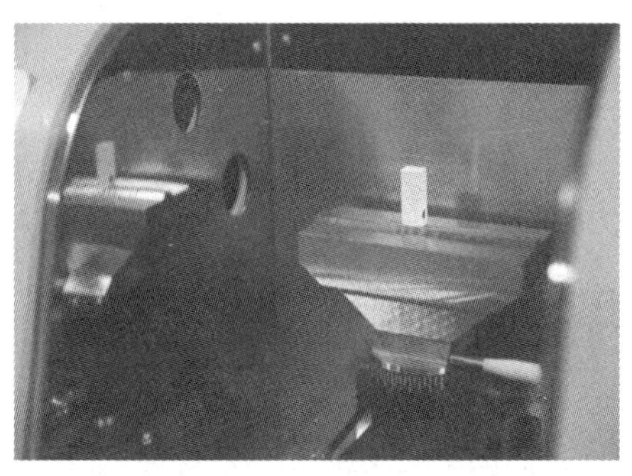

图 4-20　调整燃烧器位置

（3）单击工具栏中的“参数”按钮，在弹出的“测量参数”对话框中将测量重复次数设置为 3 次；测量方式选择“自动”；间隔时间设置为 1 秒，采样延时设置为 1 秒，其他测量参数设定一般按默认值，单击“确定”按钮（图 4-21）。

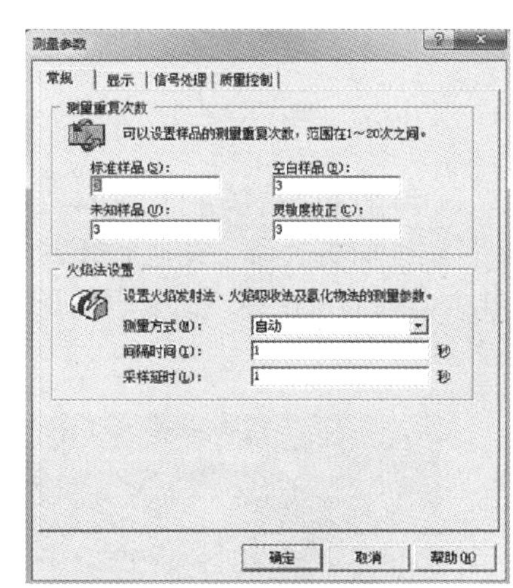

图 4-21　设置测量参数

4. 样品设置

单击工具栏中的“样品”按钮，在弹出的“样品设置向导”对话框中按照提示设定：一般校正方法为“标准曲线”；曲线方程为“一次方程”；选择浓度单位，然后输入样品名称，起始编号为“0”，单击“下一步”按钮（图 4-22）。输入标准曲线浓度，单击“下一步”按钮，单击“完成”按钮退出。

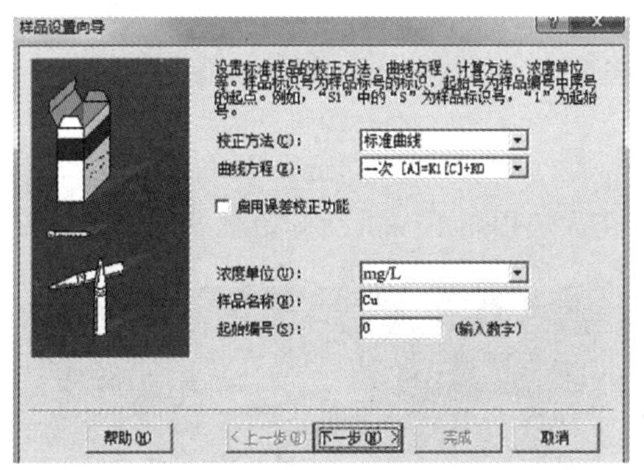

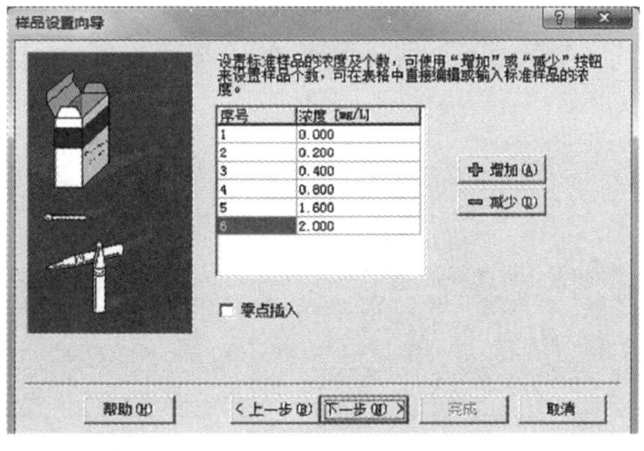

图 4-22　设置样品参数

5. 检查封液，打开排风

仪器预热 20 ～ 30 min。测量前先检查仪器是否封液（图 4-23），如未封液，则加蒸馏水进行封液；打开排风机（图 4-24）。

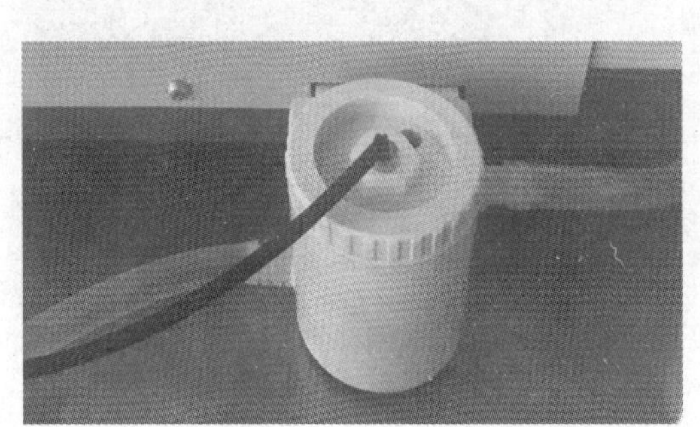

图 4-23　检查封液

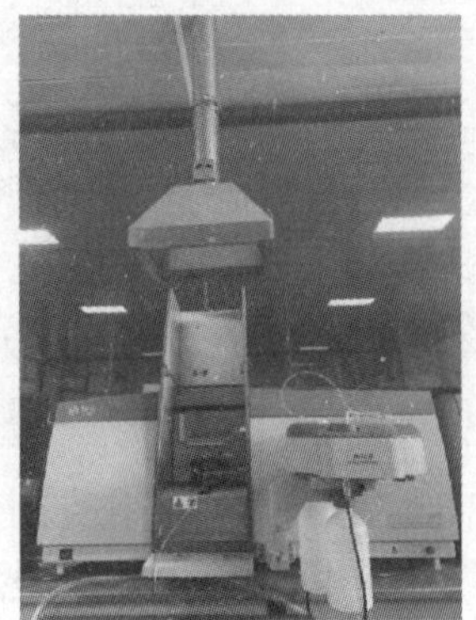

图 4-24　排风机

6. 点火

（1）打开空气压缩机（图 4-25），调出口压力为 0.3 MPa。

（2）打开乙炔，先逆时针方向打开主阀，再顺时针方向调节减压阀，调节出口压力为 0.05 ～ 0.07 MPa（图 4-26）。

> **安全小贴士**
> 打开减压阀时，需要缓慢旋转，勿使指针摆动过快，无法回调。

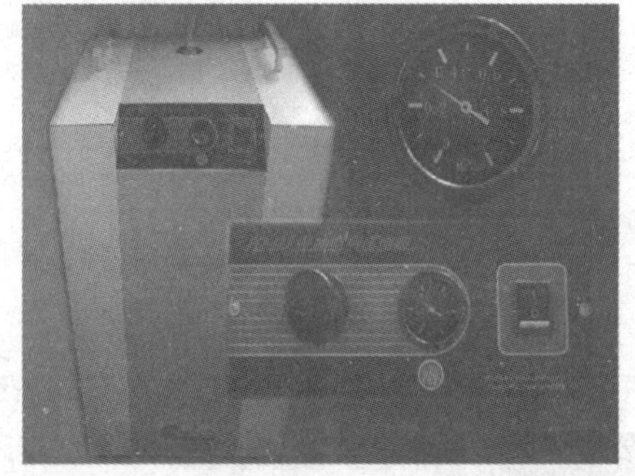

图 4-25　空气压缩机

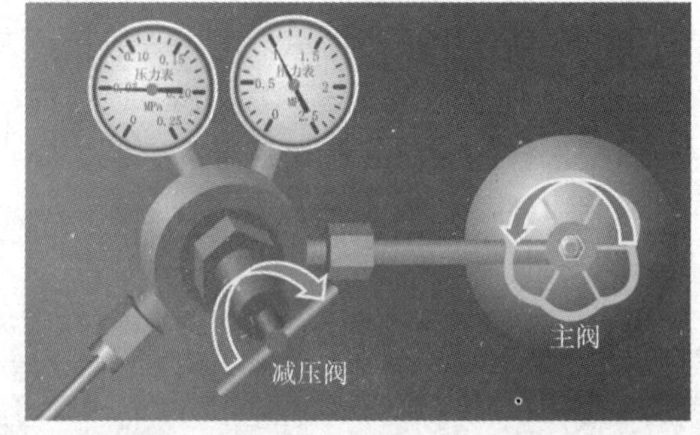

图 4-26　乙炔主阀与减压阀

（3）单击工具栏中的“点火”按钮，点火，待火焰预热 10 min 后开始测量（图 4-27）。

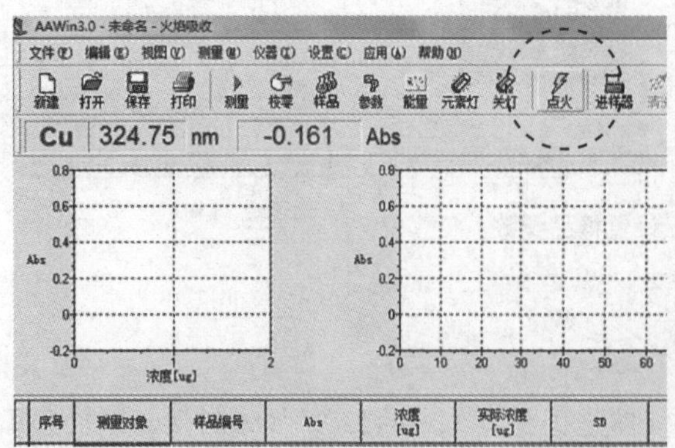

图 4-27　点火

7. 能量平衡

测量前，需要查看状态栏能量值是否在 100% 左右；若否，则单击“能量”按钮，在弹出的“能量调试”对话框中单击“自动能量平衡”按钮（图 4–28），然后单击“关闭”按钮。

> **安全小贴士**
> 点火后，化验员应与原子化器保持安全距离，且勿长时间直视火焰。

8. 测量

（1）先用去离子水吸喷（图 4–29），进行仪器管路的清洗。清洗管路完毕后，单击工具条上的“测量”按钮，出现测量对话框（图 4–30）。

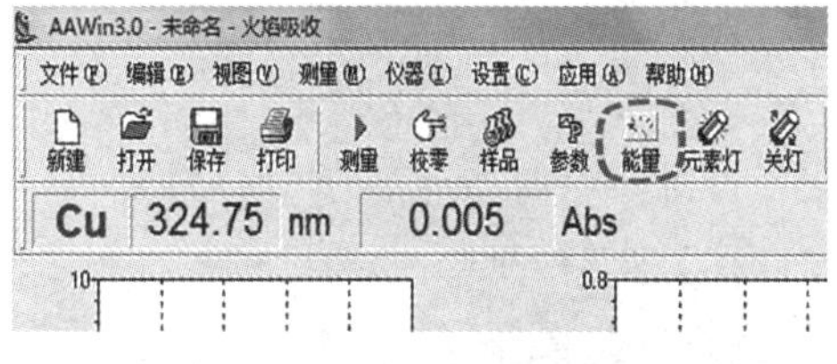

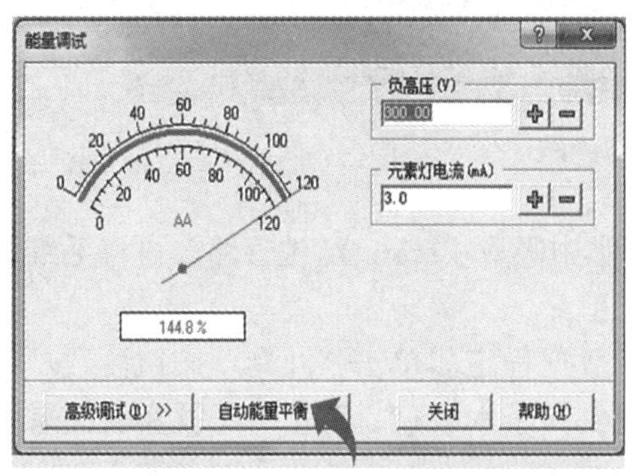

图 4–28　自动能量平衡

图 4–29　吸喷去离子水

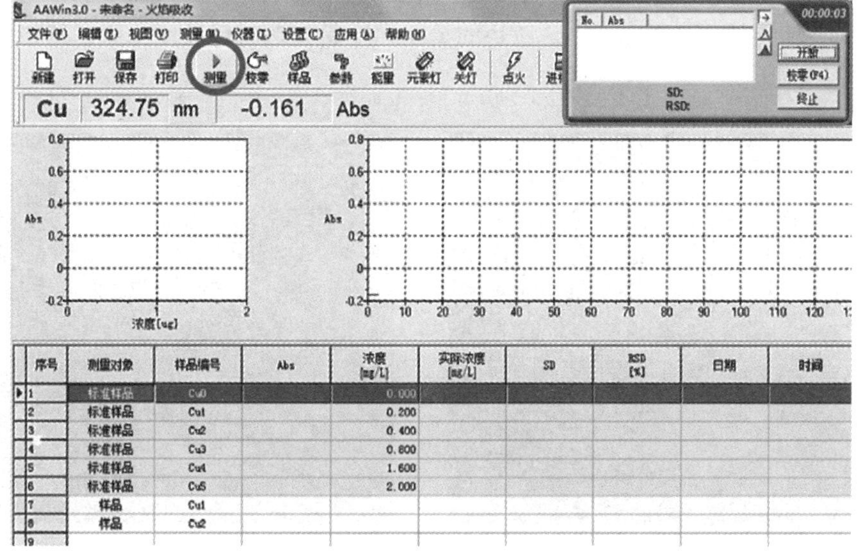

序号	测量对象	样品编号	Abs	浓度[mg/L]	实际浓度[mg/L]	SD	RSD[%]	日期	时间
1	标准样品	Cu0		0.000					
2	标准样品	Cu1		0.200					
3	标准样品	Cu2		0.400					
4	标准样品	Cu3		0.800					
5	标准样品	Cu4		1.600					
6	标准样品	Cu5		2.000					
7	样品	Cu1							
8	样品	Cu2							
9									

图 4–30　测量

（2）测量标准系列。吸入标准空白溶液，待数据稳定后单击“校零”按钮。依次吸入其他标准样品，待数据稳定后单击“开始”按钮读数（图 4–31）。要求从低浓度到高浓度，并且每次插入下一样品前，用吸水纸轻轻擦拭毛细管表面液体（图 4–32）。

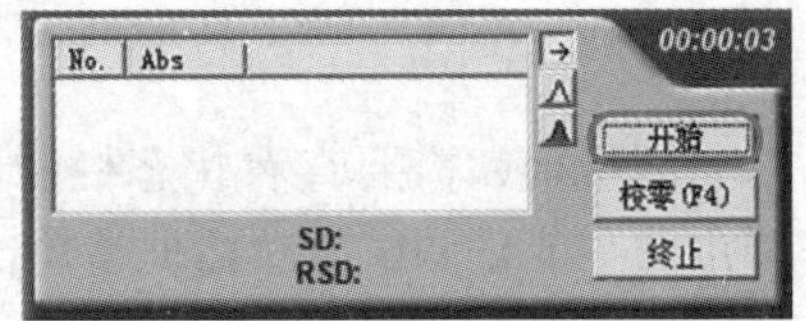

图 4–31 “校零”和“开始”

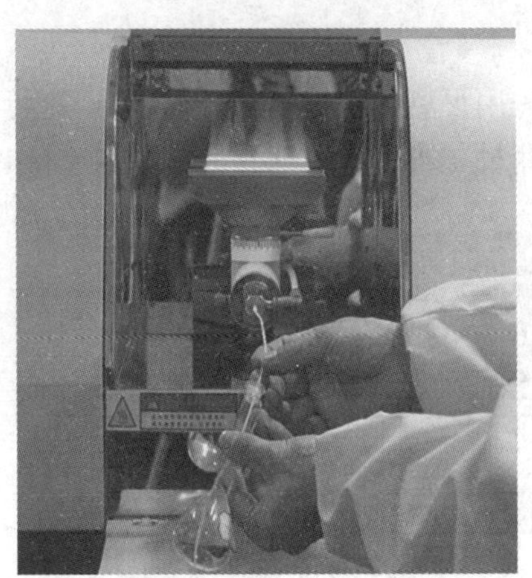

图 4–32 吸取样品

标准样品测量完毕后，将毛细管插入去离子水中吸取 1 min，清洗管路。再将毛细管插入样品空白溶液，待数据稳定后单击“校零”按钮。

（3）测量样品。依次吸入其他未知样品，待数据稳定后单击“开始”按钮读数。需要注意每测量一个未知样品前，仪器管路都需要用去离子水吸喷，防止污染及实验结果的不准确。测定完成后吸喷去离子水 5 min。

9. 关机

（1）先关闭乙炔气（图 4–33）。乙炔的关闭顺序是先顺时针关闭主阀，待指针归零后，再逆时针关闭减压阀。

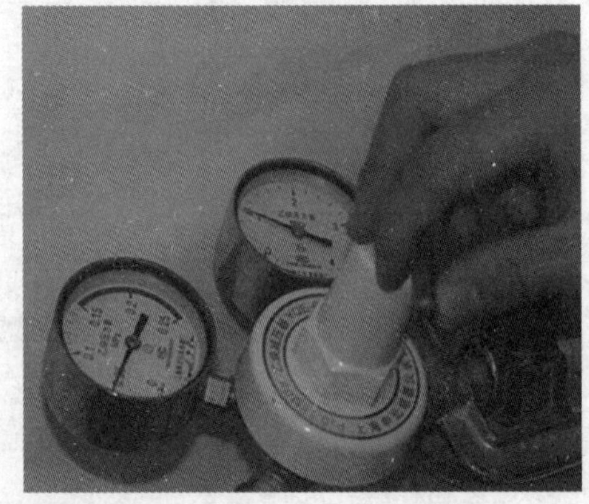

图 4–33 关闭乙炔

（2）关闭空气压缩机，并对空气压缩机进行放水处理。

（3）关闭排风。退出“AAwin”操作系统后，依次关闭主机、计算机、打印机电源。填写仪器使用记录。

巩固习题

1. 使用原子吸收光谱仪时，应先打开（　　），再打开（　　）。(多选)
   A. 空气压缩机　　B. 乙炔钢瓶　　C. 灭火器
2. 检测标准序列和样品的顺序是（　　）。
   A. 先测标准样品，从低浓度到高浓度，再测待测样品
   B. 先测待测样品，再测标准样品，从高浓度到低浓度
   C. 先测哪个都可以，只要从低浓度到高浓度即可
3. 以下说法错误的是（　　）。
   A. 每测一个未知样品前，仪器管路都需用去离子水吸喷
   B. 待计算机启动完毕后，先检查仪器工作灯所在位置，再开启仪器主机电源
   C. 点火前应先逆时针开主阀，再顺时针开减压阀，最后打开空气压缩机

二维码 4-3
习题参考答案

小组讨论

各小组对照原子吸收光谱仪使用规程，以小组为单位练习使用仪器，并讨论仪器使用中需要注意的问题。

技能基础 2　原子吸收光谱法的定量分析

学习要求

1. 能够按标准规范配制待测成分标准溶液，正确进行定量操作。⚠重点
2. 能够熟练操作原子吸收光谱仪对未知溶液浓度进行定量分析。⚠重点难点
3. 能够保持细致耐心、严谨的实验态度和团队合作精神。

学习导引

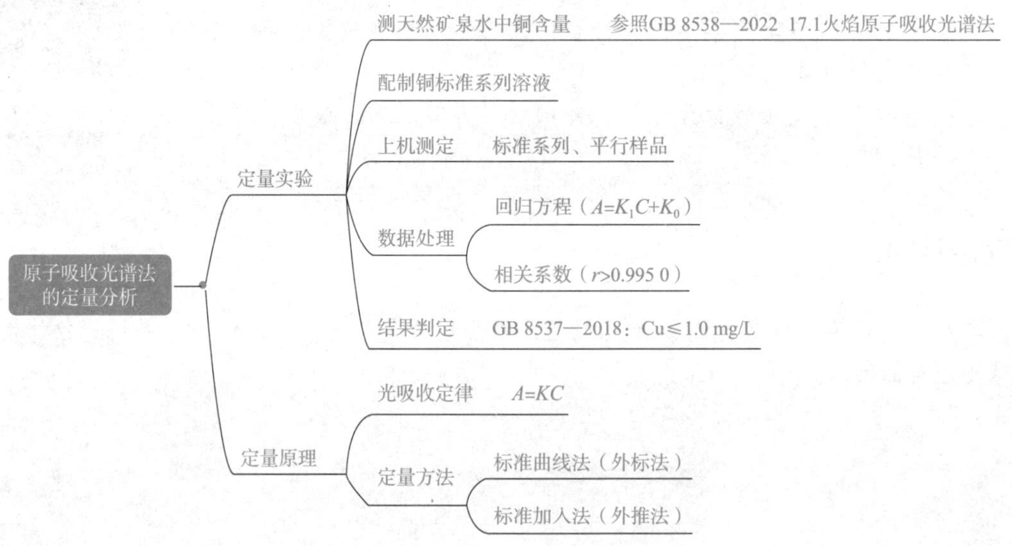

实训任务

天然矿泉水含有一定量的矿物质、微量元素或其他成分，是一种珍稀的矿产资源和绿色饮品。已知天然矿泉水中含量小于 1.0 mg/L 的铜是对人体有益处的，实验室现有 1 mg/mL 铜标准储备溶液，以及一份未知浓度的含铜天然矿泉水水样，请检测未知铜浓度的矿泉水是否可以安全饮用。

二维码 4-4
矿泉水中铜的检验依据

1. 实验设计

本实验采用标准曲线法对澄清水样中的铜含量进行直接测定。计算并填写表 4-3 铜标准系列溶液的浓度。

> **安全小贴士**
> 戴防护手套、口罩；安全用电。

表 4-3　铜标准系列溶液的配制

编号	0	1	2	3	4	5
$V_{10.0\ \mu g/mL}$ 铜标（mL）	0	1.00	2.00	4.00	8.00	10.00
定容体积（mL）	50	50	50	50	50	50
铜浓度（mg/L）						

二维码 4-5
矿泉水中铜的检测方法

（1）配制 100.0 μg/mL 铜标准中间液。吸取 1 mg/mL 铜标准储备液 10.00 mL 于 100 mL 容量瓶中，用每升含 1.5 mL 硝酸的水定容。

（2）配制 10.0 μg/mL 铜标准工作液。吸取 100.0 μg/mL 铜标准中间液 10.00 mL 于 100 mL 容量瓶中，用每升含 1.5 mL 硝酸的水定容。

（3）铜标准系列溶液配制。分别吸取 10.0 μg/mL 铜标准工作液 0 mL、1.00 mL、2.00 mL、4.00 mL、8.00 mL、10.00 mL 于 50 mL 容量瓶中，用每升含 1.5 mL 硝酸的水定容至刻度，盖塞摇匀。容量瓶使用注意事项见表 4-4。

表 4-4　容量瓶使用注意事项

操作	注意事项
拿取	不能加热，轻拿轻放
选取	同一序列实验选取同样规格的容量瓶，瓶与塞配套使用
转移	转移液体时，移液管保持垂直，容量瓶倾斜 30°
加液稀释	用玻璃棒引流，加稀释液至容积 2/3 时，旋摇容量瓶使溶液混合，此时切勿倒转容量瓶
微量定容	继续加稀释液至标线以下约 1 cm，用胶头滴管微量定容，使凹液面和刻度线相切
摇匀	盖塞，将瓶倒转摇匀
清洗	不能用硬毛刷刷洗，以免磨伤管壁影响透光度

2. 上机检测（表 4-5）

表 4-5　上机检测

步骤	检测操作
确认灯位	安装铜灯，灯的石英窗保持干净，确认其位置
开机	打开稳压电源、打开计算机，打开操作软件
	开启主机电源，选择“联机”，仪器开始初始化
元素参数	选择工作灯，元素灯参数设置、寻峰，预热 20 ～ 30 min
测量参数	测量方法——［火焰吸收］、测量参数——［系统默认］

续表

步骤	检测操作
样品设置	校正方法：标准曲线；曲线方程：一次 $A=K_1C+K_0$； 浓度单位：mg/L；填写样品名称和起始编号
	填写样品数量、样品名称和起始编号
	依次输入标准系列浓度
检查	检气体管路、阀门密封性、排风、安全联锁及废液排放
火焰选择	燃气流量 1 300 ～ 2 000 mL/min；调节燃烧器高度 6 mm，对准光路
通气点火	先开空气压缩机，调节出口压力为 0.3 MPa
	再开乙炔，逆时针开主阀，顺时针开减压阀，调出口压力为 0.05 ～ 0.07 MPa
能量平衡	火焰燃烧稳定后，对灯发光强度进行校准，单击“自动能量平衡”，调整能量值在 100% 左右
测量	吸喷空白校零。测量操作：提出毛细管，用吸水纸擦去毛细管水分后，按浓度从低到高依次放入待测标准溶液中，单击“测量”，待吸光度稳定后单击“开始”采样读取吸光值，系统自动记录数据并绘制标准曲线
	吸喷空白校零。样品测量同标准溶液测量操作。系统自动记录数据，自动计算未知样品浓度
	测定结束，保存数据，打印报告
关机	吸喷去离子水 5 min，清洗机器
	先顺时针关闭乙炔主阀，使火焰熄灭，待压力表指针回零；再逆时针关闭减压阀；然后关闭空气压缩机
	关排风，退出工作软件，关闭主机电源，关闭计算机，填写仪器使用记录

3. 定量计算

在同一测试条件下，以铜浓度为 X 轴横坐标，以吸光值为 Y 轴纵坐标，仪器自动生成校正曲线 $A=K_1C+K_0$，将校正曲线详细信息中的方程系数 K_1 和 K_0 分别代入，即得本实验的曲线方程。根据校正曲线方程，仪器自动计算出未知样品的浓度。本实验的相关系数 r 要求在 0.995 0 以上。参考校正曲线如图 4-34 所示。

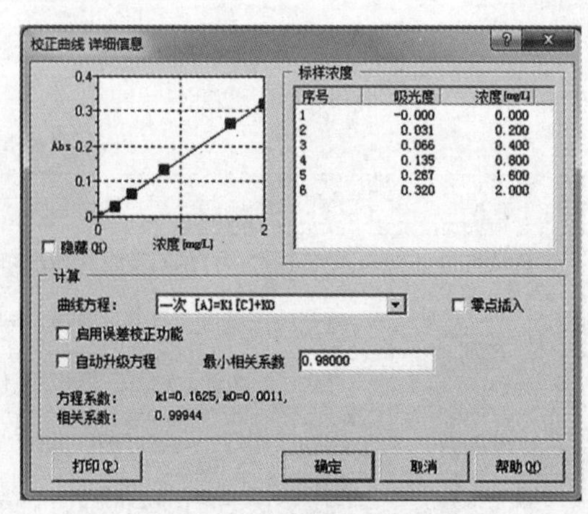

图 4-34　参考校正曲线

实验记录

1. 根据小组实验结果完成检验记录（表 4-6）。

表 4-6　原始记录表

编号	0	1	2	3	4	5	样 1	样 2
$V_{10.0\ \mu g/mL}$ 铜标 / mL	0	1.00	2.00	4.00	8.00	10.00	—	—
定容体积 / mL	50	50	50	50	50	50	50	50
溶液浓度 / mg/L^{-1}								
A								
回归方程：				相关系数 r =				

2. 结论

未知样品中铜含量为________ mg/L，________（符合 / 不符合）GB ___________ 对饮用天然矿泉水中铜含量应≤________ mg/L 的规定，单项检验结果________。

评价反思

考核评价表见表 4-7。

表 4-7　考核评价表　　　　姓名：　　　　学号：

考核内容	评分标准	配分	得分
配制操作	移液管的使用	15	
	容量瓶的使用	15	
	胶头滴管的使用	10	
上机操作	原子吸收的操作	10	
	数据记录和打印	10	
整理	器皿洗涤，仪器整理，实验台清理	10	
文明操作	不浪费耗材，无器皿破损	10	
数据处理	计算正确，结果填写规范、无涂改	10	
团队合作	善于沟通，积极与他人合作	10	
总分		100	

定量原理

原子吸收与紫外可见分光光度法都是基于物质对光的选择性吸收建立起来的，都属于吸收光谱分析，均依据光吸收定律进行定量分析。即在一定实验条件下（一定的原子化率和一定的火焰宽度），吸光度与试样中待测元素的浓度成正比。常用定量方法有标准曲线法和标准加入法。

1. 标准曲线法

标准曲线法也称外标法，是原子吸收分析中最常用、最基本的定量方法，适合组成简单的大批量样品的测定。具体方法：在测定的线性范围内，制备含待测元素的标准系列溶液。按需要设置仪器实验条件，然后浓度由小到大依次吸喷标准系列溶液，读取吸光度，自动绘制工作曲线。样品制备成溶液喷入火焰，读取样品吸光度，从工作曲线上查得相应的浓度，计算待测元素的含量。

2. 标准加入法

标准加入法也称外推法，适用于组分较复杂的未知样品，能消除一些基本成分对测定的干扰。具体方法：吸取试液四份以上，第一份不加待测元素标准溶液，第二份开始依次按比例加入不同量待测组分标准溶液，用溶剂稀释至同一体积，以空白为参比，在相同测量条件下，分别测量各份试液的吸光度，绘出工作曲线，并将它外推至浓度轴，则在浓度轴上的截距为未知浓度 C_x（图 4-35）。

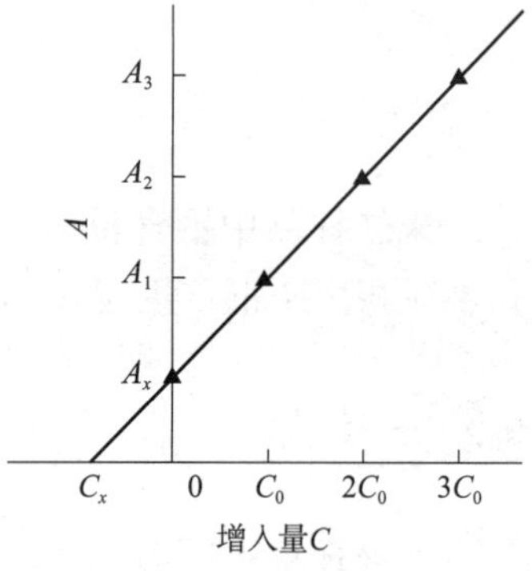

图 4-35　标准加入法定量

小组讨论

试分析讨论影响标准曲线法测定准确度的主要因素有哪些?

任务1　茶叶中重金属铅的消解

任务要求

1. 能够结合《食品安全国家标准 仪器中铅的测定》(GB 5009.12—2017) 按需准备实验试剂。难点

2. 能够学会茶叶中重金属铅的消解流程，理解操作细节。重点

3. 能够保持耐心细致的实验态度和实验节约、安全意识。

任务导引

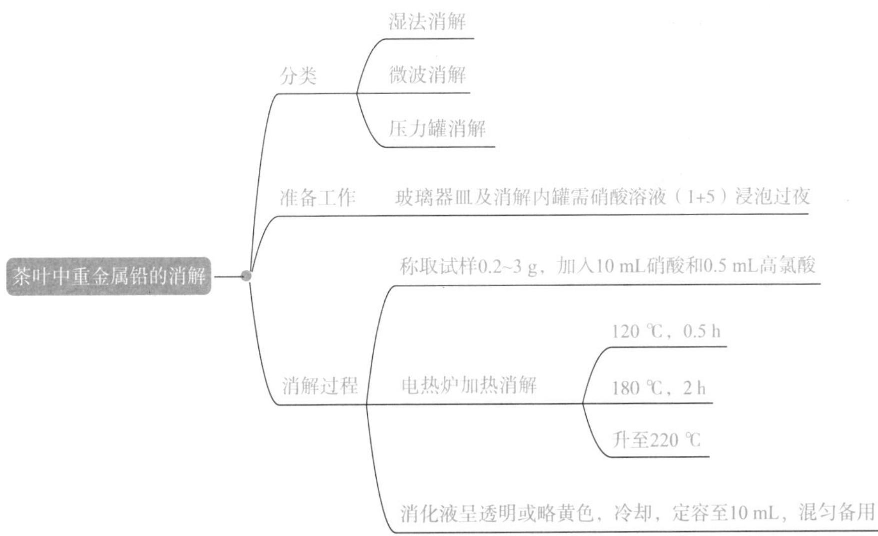

方法原理

1. 检验方法和指标（表 4-8）

二维码 4-6
铅的检验依据及限量标准

表 4-8　茶叶铅检测方法和指标

食品类别	依据标准	指标要求	检测方法
各类食品	GB 2762—2022	≤ 5.0 mg/kg	GB 5009.12—2017 第三法　火焰原子吸收光谱法

2. 检验原理（表 4–9）

表 4–9　原子吸收法测茶叶铅含量

1	络合	铅离子与 DDTC（二乙基二硫代氨基甲酸钠）形成络合物
2	萃取	4- 甲基 -2- 戊酮萃取分离
3	原子化	火焰原子化
4	定量	吸收 283.3 nm 共振线的量与铅含量成正比，再与标准系列比较定量
5	定量计算	标准曲线法测得茶叶铅含量

二维码 4–7
GB 5009.12—2017
食品中铅的测定

任务实施

安全小贴士
戴防护手套、口罩；玻璃器皿需小心使用和清洗；安全用电。

1. 消解方法

茶叶中重金属铅的消解方法共有三种，分别是湿法消解、微波消解和压力罐消解。本实验使用的方法为湿法消解。

2. 实验器材（表 4–10）

所有玻璃器皿及聚四氟乙烯消解内罐均需要硝酸溶液（1+5）浸泡过夜，用自来水反复冲洗，最后用水冲洗干净。

表 4–10　实验器材

器材名称	数量	器材名称	数量	器材名称	数量	器材名称	数量

3. 实验试剂

消解需要的试剂有硝酸、高氯酸。

二维码 4–8
消解过程

4. 消解

消解过程：首先称取两份固体试样 0.2 ～ 3 g（精确至 0.001 g）于锥形瓶中，做好标记“1”和“2”，同时取一个空锥形瓶做空白样品标记“0”或“空”，三个锥形瓶均加入 10 mL 硝酸和 0.5 mL 高氯酸，然后在可调式电热炉上消解。参考条件为 120 ℃，持续 0.5 ～ 1 h，本实验设置条件为 0.5 h；然后升至 180 ℃，持续 2 ～ 4 h，本实验为 2 h；最后升至 200 ℃～ 220 ℃，本实验设置温度为 220 ℃。若消化液呈棕褐色，则需要再加入少量硝酸，消解至冒白烟。当消化液呈无色透明或略带黄色，取出锥形瓶，冷却后用水定容至 10 mL，混匀备用。

评价反思

考核评价表见表 4–11。

表 4–11　考核评价表　　姓名：　　学号：

过程	考核内容	评分标准	配分	得分
准备	学习态度	自学充分，注意安全，方案设计清晰	10	
	器皿编号	实验器皿正确编号	10	
消解过程	天平	检查水平，正确称量读数，保持整洁	10	
	移液管	握法、润洗、取样、读数准确熟练	10	
消解过程	容量瓶	加液无滴洒、定容准确，正确混匀	10	
	加热	打开排风，关闭通风橱内玻璃窗	10	
其他	技巧	操作熟练度	10	
	文明操作	不浪费耗材，无器皿破损	10	
	整理	器皿洗涤，仪器整理，实验台清理	10	
	团队合作	善于沟通，积极与他人合作	10	
总分			100	

理论提升

1. 干法消解（灼烧法）

干法消解是通过高温碳化、灰化除去大量有机物，然后用酸或其他溶剂溶解，制成试样溶液，最后主要用溶剂萃取、掩蔽、沉淀等方法排除其他离子的干扰。

2. 湿法消解

湿法消解是在样品中加入强氧化剂（常用的有浓硝酸、浓硫酸、高氯酸、高锰酸钾、过氧化氢等），并加热消煮，使样品中的有机物质完全分解、氧化，呈气态逸出，待测组分转化为无机物状态（离子态）存在于消化液中。

3. 微波消解

微波消解是指利用微波加热封闭容器中的消解液（各种酸、部分碱液及盐类）和试样，在高温增压条件下使各种样品快速溶解的湿法消化，是近年兴起的前处理技术。该方法具有快速、分解完全、元素无挥发损失、酸耗量少等优点，但不可避免地带来了高压、消化样品量小的不足。

巩固习题

1. 所有玻璃器皿及聚四氟乙烯消解内罐均需用（　　）浸泡过夜，用自来水反复冲洗，最后用水冲洗干净。

A. 硝酸溶液（1+5）　　B. 40% 硝酸　　C. 硝酸溶液（5+95）

2. 若消化液呈棕褐色，则需要（　　）。

A. 加入少量硝酸，消解至冒白烟

B. 加入少量盐酸，消解至冒白烟

C. 加入少量蒸馏水，消解至冒白烟

3. 消解的升温程序设置顺序正确的是（　　）。

A. 由低到高

B. 由高到低

C. 直接设置最终温度

二维码 4-9
习题参考答案

小组讨论

1. 消解操作需要注意哪些安全问题？

2. 在《食品安全国家标准 食品中铅的测定》（GB 5009.12—2007）中，其他两种消解方法的操作过程是什么？

任务 2　铅标准曲线和样品的制备

任务要求

1. 能够完成标准曲线的配制和样品溶液的配制，理解操作细节。重点
2. 能够保持细致严谨的实验态度和实验安全意识。

任务导引

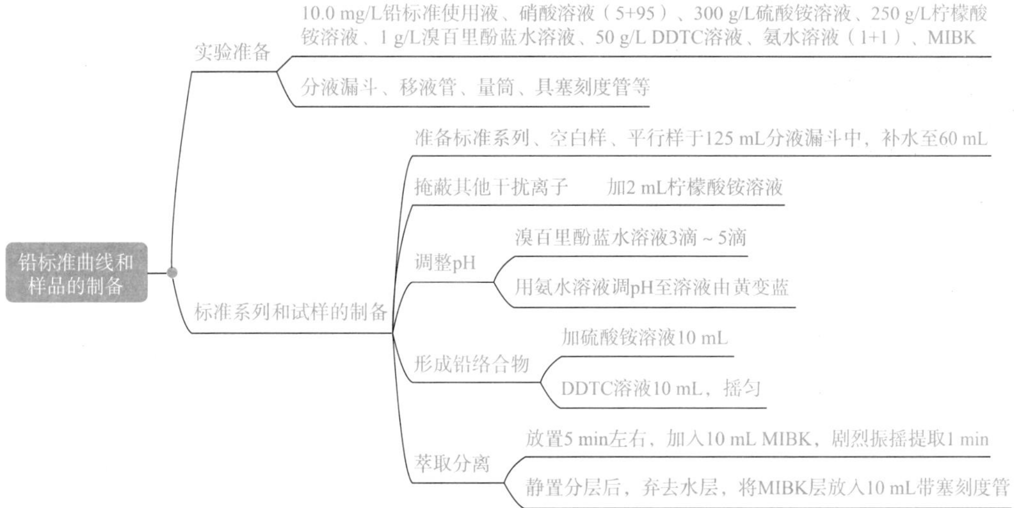

任务实施

安全小贴士

戴防护手套、口罩；玻璃器皿需小心使用和清洗；安全用电。

1. 实验器材（表 4-12）

表 4-12　实验器材

器材名称	数量	器材名称	数量	器材名称	数量	器材名称	数量

2. 实验试剂（表 4–13）

表 4–13　实验试剂

试剂	配制方法
硝酸溶液（5+95）	量取（　　）mL 硝酸，加入 95 mL 纯水中，混匀备用
铅标准使用液（10.0 mg/L）	吸取（100.0 mg/L）铅标准溶液（　　）mL 于 100 mL（　　）中，用（5+95）硝酸溶液定容至刻度，摇匀备用
硫酸铵溶液（300 g/L）	称取（　　）g 硫酸铵，溶于 100 mL（　　）中，混匀，置（　　）瓶中
柠檬酸铵溶液（250 /L）	称取（　　）g 柠檬酸铵，溶于 100 mL（　　）中，混匀，置（　　）瓶中
溴百里酚蓝水溶液（1 g/L）	称取（　　）g 溴百里酚蓝，溶于 100 mL 水中，混匀，置（　　）瓶中，避光保存
DDTC 溶液（50 g/L）	称取（　　）g DDTC，溶于 100 mL（　　）中，混匀，置（　　）瓶中
氨水溶液（1+1）	吸取（　　）mL 氨水于 50 mL（　　）中，混匀，置（　　）瓶中
4– 甲基 –2– 戊酮（又称 MIBK）	避光保存

3. 标准曲线和试样溶液的制备

（1）铅标准曲线的制备。分别吸取铅标准使用液 0.00 mL、0.25 mL、0.50 mL、1.00 mL、1.50 mL 和 2.00 mL 于 125 mL 分液漏斗中，此时分液漏斗中的铅含量相当于 0 μg、2.50 μg、5.00 μg、10.0 μg、15.0 μg 和 20.0 μg，补水至 60 mL。加 2 mL 柠檬酸铵溶液，溴百里酚蓝水溶液 3 滴～ 5 滴，用氨水溶液调 pH 至溶液由黄变蓝，加硫酸铵溶液 10 mL，DDTC 溶液 10 mL，摇匀。放置 5 min 左右，加入 10 mL MIBK，剧烈振摇提取 1 min，静置分层后，弃去水层，将 MIBK 层放入 10 mL 带塞刻度管中，得到标准系列溶液。

二维码 4–10
铅标准曲线的制备

（2）试样溶液的制备。将两份试样消化液及试剂空白溶液分别置于 125 mL 分液漏斗中，补水至 60 mL。加 2 mL 柠檬酸铵溶液，溴百里酚蓝水溶液 3 ～ 5 滴，用氨水溶液调 pH 值至溶液由黄变蓝，加硫酸铵溶液 10 mL，DDTC 溶液 10 mL，摇匀。放置 5 min 左右，加入 10 mL MIBK，剧烈振摇提取 1 min，静置分层后，弃去水层，将 MIBK 层放入 10 mL 带塞刻度管中，得到试样溶液和空白溶液。

二维码 4–11
铅样品溶液的制备

根据以上实验流程描述，填写表 4–14。

表 4-14　标准系列及样品溶液制备步骤

序号 实验流程	标准系列						样品溶液 / mL		
	0	1	2	3	4	5	样 1	样 2	空白
铅标准使用液 / mL	0.00	0.25	0.50	1.00	1.50	2.00	—	—	—
样品溶液 / mL	—	—	—	—	—	—	10.0	10.0	10.0
补水至 / mL									
柠檬酸铵 / mL									
溴百里酚蓝	（　　）滴								
氨水溶液	调 pH 值至溶液由（　　）变（　　）								
硫酸铵 / mL									
DDTC/mL									
摇匀，放置（　　　）左右									
MIBK/mL									
剧烈振摇提取 1 min，静置分层，弃去水层，将 MIBK 层放入（　　　）中									

评价反思

考核评价表见表 4-15。

表 4-15　考核评价表

过程	考核内容	评分标准	配分	得分
准备	学习态度	自学充分，注意安全，方案设计清晰	10	
	器皿	实验器皿正确编号、检漏	10	
配制过程	胶头滴管	握法，滴加位置，是否竖直	10	
	移液管	握法、润洗、取样、读数准确熟练	10	
	量筒	加液无滴洒，定容准确	10	
	分液漏斗	摇匀操作，样液和废液是否正确倒出	10	
其他	技巧	操作熟练度	10	
	文明操作	不浪费试剂耗材，无器皿破损	10	
	整理	器皿洗涤，仪器整理，实验台清理	10	
	团队合作	善于沟通，积极与他人合作	10	
总分			100	

姓名：　　　　　学号：

理论提升

问题 1：在标准系列溶液和样品溶液中加入 DDTC 的作用是什么？

DDTC 全称为二乙基二硫代氨基甲酸钠，铅离子在一定 pH 值条件下与 DDTC 可以形成络合物，最终被提取出来进行测定。

问题 2：在标准系列溶液和样品溶液中加入 MIBK 的作用是什么？

MIBK 全称为 4– 甲基 –2– 戊酮，是常用的有机溶剂，可以将络合物萃取分离，导入原子吸收光谱仪中检测。

问题 3：工作波长为什么选择为 283.3 nm？

一般铅有主灵敏线 217.0 nm 和次灵敏线 283.3 nm。在 217.0 nm 处灵敏度高，但有非吸收线对光谱有干扰，同时，还有强烈的背景吸收和噪声，吸光值不稳定；而 283.3 nm 的灵敏线干扰少、稳定、线性关系较好。

巩固习题

1. 下面描述中，分液漏斗的使用不正确的是（　　）。

   A. 使用之前检漏

   B. 所有的液体均从上口倒出

   C. 横握后，上下方向振摇

2. 在实验中需要戴口罩和手套，因为（　　）。

   A. 所用试剂中含有刺激性、挥发性气味液体和有机溶剂

   B. 所有化学实验必须佩戴口罩和手套

   C. 容易发生细菌污染

二维码 4–12
习题参考答案

3. 加入溴百里酚蓝水溶液 3 ～ 5 滴后，用氨水溶液调节 pH 值，使溶液颜色由（　　）。

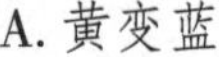

   A. 黄变蓝　　B. 蓝变黄　　C. 黄变红

任务 3　铅标准曲线和样品的测定

任务要求

1. 能够独立完成火焰原子吸收光谱仪的上机检测工作。⚠重点难点
2. 能够保持耐心细致的实验态度和实验节约、安全意识。

任务导引

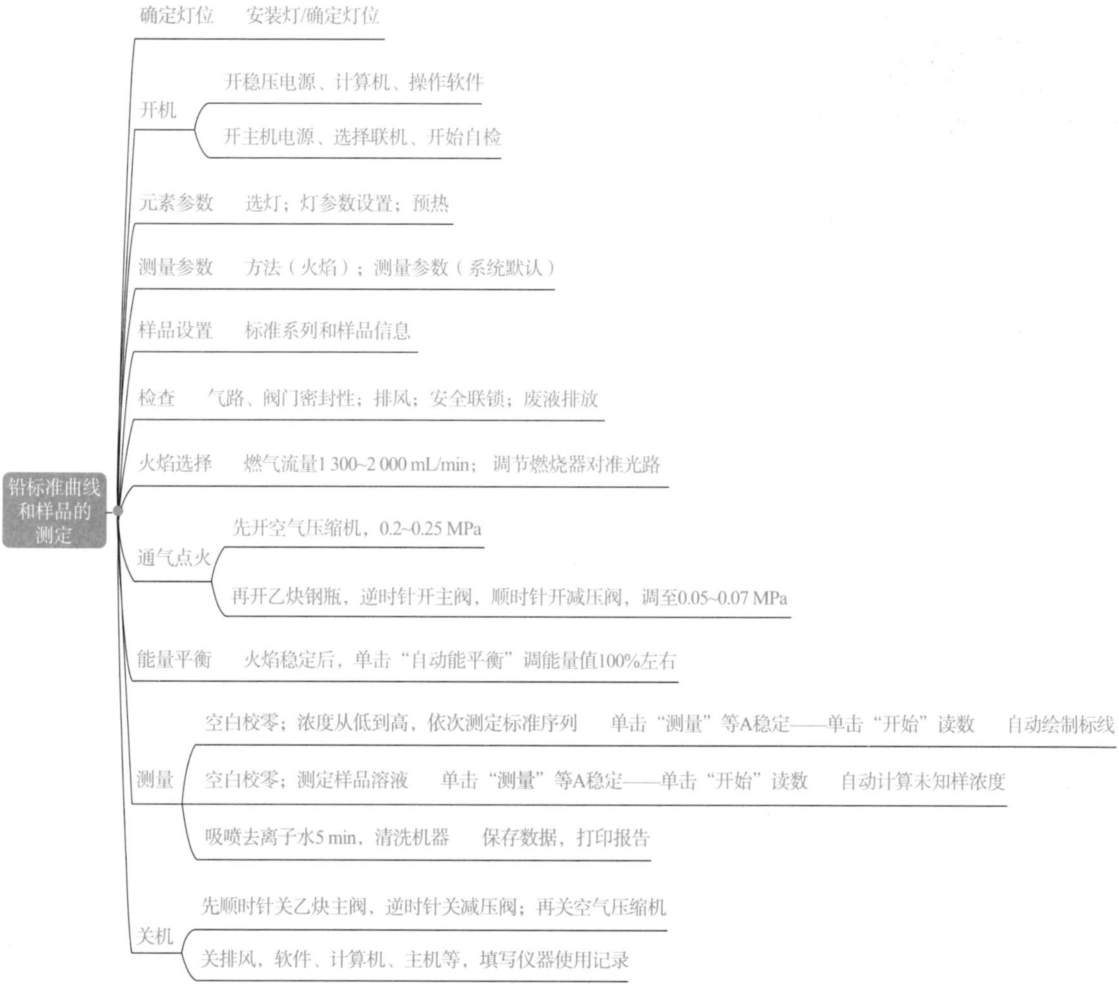

- 铅标准曲线和样品的测定
  - 确定灯位　安装灯/确定灯位
  - 开机
    - 开稳压电源、计算机、操作软件
    - 开主机电源、选择联机、开始自检
  - 元素参数　选灯；灯参数设置；预热
  - 测量参数　方法（火焰）；测量参数（系统默认）
  - 样品设置　标准系列和样品信息
  - 检查　气路、阀门密封性；排风；安全联锁；废液排放
  - 火焰选择　燃气流量1 300~2 000 mL/min；调节燃烧器对准光路
  - 通气点火
    - 先开空气压缩机，0.2~0.25 MPa
    - 再开乙炔钢瓶，逆时针开主阀，顺时针开减压阀，调至0.05~0.07 MPa
  - 能量平衡　火焰稳定后，单击“自动能平衡”调能量值100%左右
  - 测量
    - 空白校零；浓度从低到高，依次测定标准序列　单击“测量”等A稳定——单击“开始”读数　自动绘制标线
    - 空白校零；测定样品溶液　单击“测量”等A稳定——单击“开始”读数　自动计算未知样浓度
    - 吸喷去离子水5 min，清洗机器　保存数据，打印报告
  - 关机
    - 先顺时针关乙炔主阀，逆时针关减压阀；再关空气压缩机
    - 关排风，软件、计算机、主机等，填写仪器使用记录

任务实施

1. 实验器材（表 4–16）

表 4–16　实验器材

器材名称	数量	器材名称	数量	器材名称	数量	器材名称	数量

2. 实验试剂

标准曲线序列和试样溶液序列。

二维码 4–13
上机测定

3. 标准曲线和试样溶液的测定

预习完成表 4–17，上机检测实验结果。

表 4–17　上机操作步骤

序号	上机操作步骤
1	依次打开稳压器、计算机、打印机
2	先检查工作灯所在位置，再开启仪器主机电源
3	双击 AAwin 图标，联机，选择（　　）灯，寻峰
4	选择测量方法“火焰吸收”，设置相关参数，调整燃烧器高度 12 mm，对准光路
5	仪器预热（　　）分钟，检查是否封液，打开排风，打开空气压缩机并调出口压力为（　　）MPa，打开乙炔，先（　　）时针方向开主阀，再（　　）时针方向调减压阀，调节出口压力为（　　）MPa
6	单击“点火”按钮，火焰预热 10 min，查看“自动能量平衡”是否为 100%，测量前，先用去离子水吸喷，进行仪器管路的清洗
	单击“测量”按钮，先吸入标准空白溶液进行校零，再依次吸入其他标准样品单击“开始”读数，要求从低浓度到高浓度，并用吸水纸轻轻擦拭毛细管
	测量完毕后用去离子水清洗管路，再将毛细管插入样品空白溶液，等数据稳定后点“校零”，依次吸入其他未知样品，测定完成后吸喷去离子水 5 min
7	关闭乙炔，先（　　）时针关闭主阀，待指针归零后，再（　　）时针关闭减压阀，关闭空气压缩机并进行放水处理，关闭排风，保存数据并打印。退出系统后依次关闭主机、计算机、打印机、稳压电源
8	填写（　　　　　　　　）

评价反思

考核评价表见表 4–18。

表 4–18 考核评价表 姓名： 学号：

过程	考核内容	评分标准	配分	得分
准备	学习态度	自学充分，注意安全，方案设计清晰	10	
	器皿编号	实验器皿正确编号	10	
测定过程	工作灯	工作灯选择正确	10	
	燃气	主阀和减压阀开启、关闭方向正确	10	
	测定	标准曲线和试样检测顺序正确	10	
	关机	正确关闭相关仪器设备	10	
其他	技巧	操作熟练度	10	
	文明操作	不浪费耗材，无器皿破损	10	
	整理	器皿洗涤，仪器整理，实验台清理	10	
	团队合作	善于沟通，积极与他人合作	10	
总分			100	

理论提升

石墨炉原子吸收光谱法简介见表 4–19。

表 4–19 石墨炉原子吸收光谱法简介

石墨炉原子吸收光谱法	方法原理	石墨炉原子吸收光谱法是利用石墨材料制成管、杯等形状的原子化器，用电流加热原子化进行原子吸收分析的方法
	实验原理	试样经灰化或酸消解后，注入一定量样品消化液于原子吸收分光光度计石墨炉中，电热原子化后吸收特定波长共振线，在一定浓度范围内，其吸光度值与待测元素含量成正比
	定量方法	一般采用标准曲线法定量
	参考条件	狭缝 0.2 ～ 1.0 nm，灯电流 2 ～ 10 mA；干燥温度 105 ℃，干燥时间 20 s；灰化温度 400 ℃ ～ 700 ℃，灰化时间 20 ～ 40 s；原子化温度 1 300 ℃ ～ 2 300 ℃，原子化时间 3 ～ 5 s；背景校正为氘灯或塞曼效应
	优点	石墨炉原子吸收光谱法具有原子化效率高、灵敏度高等优点
	缺点	石墨炉法的共存物干扰要比火焰原子吸收光谱法大，测试精度不如火焰原子吸收光谱法好

巩固习题

1. 判断对错：待计算机启动完毕后，先检查仪器工作灯（Pb 灯）所在位置，检查完毕后再开启仪器主机电源。(　　)

2. 判断对错：仪器预热 20 ～ 30 min。(　　)

二维码 4-14
习题参考答案

3. 判断对错：依次吸入标准样品，待数据稳定后单击“开始”按钮读数。可以从高浓度到低浓度，并且每次插入下一样品前，用吸水纸轻轻擦拭毛细管表面液体。(　　)

4. 判断对错：乙炔的关闭顺序是先顺时针关闭主阀，待指针归零后，再逆时针关闭减压阀。(　　)

任务 4　数据分析

任务要求

1. 能够正确计算样品中茶叶铅的含量，并判定检测结果。重点难点
2. 能够积极反思实验结果，明确检验工作的使命感和责任感。

任务导引

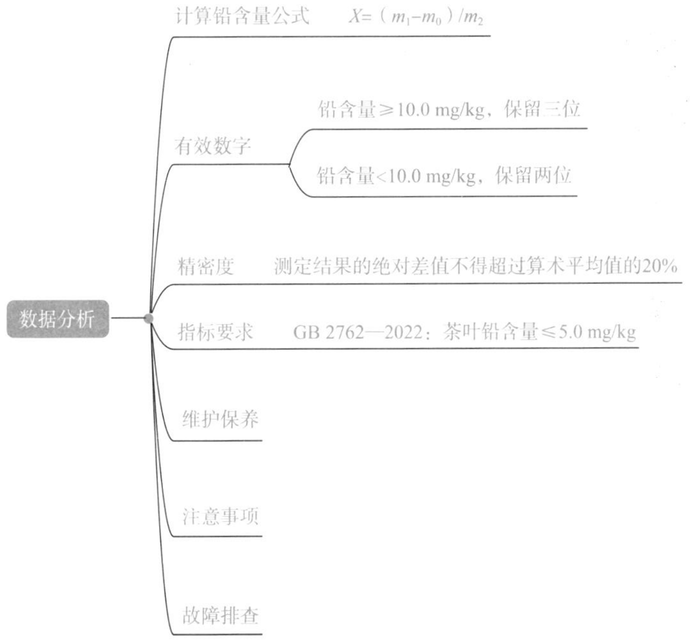

任务实施

1. 结果计算

（1）计算公式如下：

$$茶叶样品中铅含量\ X=\frac{m_1-m_0}{m_2} \qquad (4\text{-}1)$$

二维码 4-15
铅数据处理

式中　X——试样中铅的含量（mg/kg）；

m_1——试样溶液中铅的质量（μg）；

m_0——空白溶液中铅的质量（μg）;

m_2——试样称样量（g）。

根据实验所得数据，代入式（4–1）求测定样品中铅的含量（mg/kg）。

$X_1=$

$X_2=$

$\overline{X}=$

（2）有效数字的保留。遵循国家标准《食品安全国家标准 食品中铅的测定》（GB 5009.12—2017），当铅含量≥ 10.0 mg/kg 时，计算结果保留三位有效数字；当铅含量＜ 10.0 mg/kg 时，计算结果保留两位有效数字。

（3）精密度。试样的精密度计算方式为在重复性条件下获得的两次独立测定结果的绝对差值不得超过算术平均值的 20%。

2. 结果判定

经实验测定样品中茶叶铅的含量为________，__________（符合 / 不符合）GB ________ 对茶叶中铅的限量应≤____ mg/kg 的规定，单项检验结果__________。

3. 原始记录

填写原子吸收测定铅原始记录（表 4–20）。

表 4-20　原子吸收测定铅原始记录

编号：

样品名称		样品编号		检测日期		
检测项目			检测依据			
检测地点		室温 t/℃		湿度 H/%		
仪器名称编号	□ YQ- 电子天平 □ YQ- 消解赶酸器		□ YQ- 原子吸收光谱仪 □ YQ- 电热板		□ YQ- 微波消解仪 □ YQ- 恒温水浴锅	
试样前处理	□ 湿法消解　□ 微波消解　□ 其他：					
灯电流	mA	波长	nm	狭缝	nm	
燃烧器高度	mm	燃气流量	L/min	助燃气流量	L/min	
标准储备液	mg/L　编号：			标准工作液	mg/L	
标准曲线编号	0	1	2	3	4	5
铅含量（μg）						
吸光度						
回归方程			相关系数			

项目	平行样品	
	1	2
试样质量 m_2/g		
测定溶液中铅的质量 m_1/μg		
空白溶液中铅的质量 m_0/μg		
样品中铅的含量 X/(mg·kg^{-1})		
平均值 $\overline{X}$/(mg·kg^{-1})		

试样中铅含量计算公式：$X=\frac{m_1-m_0}{m_2}$

结果保留两位有效数字，当结果≥ 10 mg/kg 时保留三位有效数字

精密度要求	相对相差≤ 20%	实际精密度		精密度判定	□符合　□不符合
备注	标准曲线见仪器打印原始记录。仪器谱图共　　页				
检测人		校核人		审核人	
日期		日期		日期	

评价反思

考核评价表见表 4-21。

表 4-21 考核评价表

姓名： 学号：

考核内容	评分标准	配分	得分
团队合作	善于沟通，积极与他人合作	40	
数据处理	相关系数 $r \geq 0.9998$ 得 40 分； $0.9998 > r \geq 0.9995$ 得 30 分； $0.9995 > r \geq 0.9990$ 得 20 分； $r < 0.9990$ 不得分	40	
	有效数字正确，结果准确，记录规范	20	
总分		100	

仪器维护

1. 仪器日常维护保养（表 4-22）

表 4-22 原子吸收光谱仪日常维护保养

项目	日常维护保养
接地设施	保证接地良好，仪器各部分电路应无大的“漂移”，判断方法是开机不点火或不运行升温程序，观察仪器“零点”的漂移量，一般为不大于 0.01 Abs/30 min（性能较好的仪器应不大于 0.006 Abs/30 min）
工作台	架设仪器的台面必须牢固不变形、无震动，保证光学系统不偏移
配套设施	合理布局实验室内空调、风扇等设施，抽排风风量适当，防止气流对火焰的扰动，保持火焰燃烧稳定
供电	供电交流电电压应基本稳定，常为 200 ～ 240 V，其波动范围不得大于 10%，并且没有其他频繁启动的大功率设备（如马福炉、气相色谱仪、电焊机、微波炉等）
排水	保证废液排出管水封完好，排水通畅
仪器洁净	经常清洁燃烧缝，保持火焰燃烧稳定无锯齿

2. 仪器使用注意事项（表 4-23）

表 4-23 原子吸收光谱仪使用注意事项

项目	日常维护保养
燃烧缝	火焰燃烧器的燃烧缝与光路重合良好
光源	灯发射稳定，判断方法为发射基线基本趋势为平直，无大的毛刺，即无突然升高或降低

二维码 4-16
原子吸收注意事项

续表

项目	日常维护保养
吸样管	确保溶液中无悬浊物（如细纤维等），防止堵塞雾化器的进样毛细管。 雾化器前吸样管应切成斜口，进样时插入样品溶液的深度应保持相对一致
空压机	使用前放空空压机油水分离器中的水，防止空气中的水分进入仪器内管路和部件，以免造成空气流量不稳，使火焰燃烧跳动，严重的甚至会损坏气体流量阀等部件

3. 故障排查（表 4-24）

表 4-24　原子吸收光谱仪常见故障及排查

常见故障现象	可能原因	排除方法
显示器不亮，风扇不转	1. 保险丝松动或熔断。 2. 电源问题	先检查保险丝是否松动或熔断，再检查电源线是否断路或接触不良
空心阴极灯点不亮	1. 灯电源已坏或未接通。 2. 灯头接线断路或灯头与灯座接触不良	可分别检查灯电源、连线及相关接插件
空心阴极灯内有跳火放电现象	灯阴极表面有氧化物或杂质	可加大灯电流到十几毫安，直到火花放电现象停止；若无效，需换新灯
空心阴极灯辉光颜色不正常	灯内惰性气体不纯	可在工作电流下反向通电处理，直到辉光颜色正常为止
电气回零不好	阴极灯老化预警	可以更换新灯
燃气不稳定	测定条件不符合实验要求	可调节燃气，使之符合条件
阴极灯窗口及燃烧器两侧的石英窗或聚光镜表面有污垢	长期未清理	应该逐一检查清除
仪器数据的稳定性差	仪器受潮或预热时间不够	可用热风机除潮或按规定时间预热后再操作使用
燃气或助燃气压力不稳定	1. 气源不足或管路泄漏。 2. 流量调整不正确	先检查是否为气源不足或管路泄漏的原因，如果不是，可在气源管道上加一阀门控制开关，调稳流量

二维码 4-17
原子吸收故障分析

项目 4

巩固习题

1. 判断对错：检测茶叶中铅含量的计算公式是 $X=(m_1-m_0)/m_2$。（　　）

2. 判断对错：运算结果中，遵循国家标准《食品安全国家标准 食品中铅的测定》(GB 5009.12—2017)，一律保留两位有效数字。(　　)

3. 判断对错：试样的精密度要求为在重复性条件下获得的两次独立测定结果的绝对差值不得超过算术平均值的10%。(　　)

4. 判断对错：如果出现显示器不亮、风扇不转的现象，应该先检查保险丝是否松动或熔断，再检查电源线是否断路或接触不良。(　　)

5. 判断对错：如果空心阴极灯内有跳火放电现象，说明仪器已到达使用年限，需要报废。(　　)

6. 判断对错：如果出现燃气或助燃气压力不稳定，先检查是否为气源不足或管路泄漏的原因，如果不是，那么可在气源管道上加一阀门控制开关，调稳流量。(　　)

二维码 4-18
习题参考答案

延伸阅读

色谱－原子吸收联用技术

将原子吸收分析法直接用于某项具体分析工作时，有时灵敏度不够该怎么办？选择另一种更灵敏的方法当然是解决问题的优选途径，但有时难于实现，因为比原子吸收法更灵敏的方法不多。因此保留原子吸收方法，设法预分离富集样品，使待测元素含量达到方法可测量的范围，仍不失为有效途径。近年来，仪器联用技术发展很快。例如：气相色谱法（GC）与原子吸收法（AAS）联用，或液相色谱法与原子吸收法联用，就可达到目的。

虽然早在20世纪70年代，原子吸收法发展的初期就有人将其作为气相色谱的检测器，测定了汽油中的烷基铅，但这种GC-AAS联用的思路直到20世纪80年代才引起重视。现如今这种联用技术已用于环境、生物、医学、食品、地质等领域，分析元素也由原来的铅、砷、锡、硒等扩展到20多种。色谱－原子吸收联用的方法已不仅用于测定有机金属化合物的含量，而且可进行相应元素的形态分析。

目前，虽然色谱－原子吸收联用尚无定型的商品仪器，但原子吸收分光光度计与色谱仪的连接较简单，某些情况下，一支保温金属管自色谱仪出口引入原子吸收仪器即可实现联用目的。

色谱－原子吸收联用方法可以综合色谱和原子吸收两种方法各自的特点，是金属有机化合物和化学形态分析强有力的分析方法之一。它在生命科学中揭示微量元素的毒理和营养作用，以及在环境科学中正确评价环境质量等方面将会得到更为广阔的发展。

项目 5　原子荧光检测大米中硒的含量

案例分析

2021 年 4 月，某省某市市场监督管理局对当地某大米销售经营部销售的“某品牌大米”进行抽检，检测出硒含量超过国家标准，违反了《中华人民共和国食品安全法》第二十六条的规定。

请对下列问题进行回答和分析。

1. 硒的主要营养价值是什么？
2. 大米中硒的含量是否越多越好？为什么？
3. 你还知道哪些功能性农产品？

相关法规标准链接
国家标准《食品安全国家标准 食品中硒的测定》（GB 5009.93—2017）和《富硒稻谷》（GB/T 22499—2008）中对于富硒稻谷加工的大米检验结果含硒量为 0.04 ～ 0.30 mg/kg 的，判定为富硒稻谷；检验结果硒含量小于 0.04 mg/kg 的判定为非富硒稻谷；而检验结果硒含量大于 0.30 mg/kg 的判定为硒含量超标，不可食用
《中华人民共和国食品安全法》第二十六条明确规定：食品安全标准应当包括与食品安全有关的质量要求和与食品安全有关的食品检验方法与规程，以及其他需要制定为食品安全标准的内容

项目描述

富硒农产品是今后的发展方向，国家鼓励开发绿色、有机，特别是有利于人类健康、提高人类生活质量的功能性农产品。硒在人体组织内含量为千万分之一，但它对人类健康的巨大作用是其他物质无法替代的。

农产品质量安全中心及其他相关机构对富硒农产品质量有严格的监控检测，确保富硒食品的安全性。实验方法参照国家标准《食品安全国家标准 食品中硒的测定》（GB 5009.93—2017）。结合企业检验实际，选择第一法氢化物原子荧光光谱法检测硒的含量。检测仪器为原子荧光光谱仪，定量方法是标准曲线法。为保证实验顺利进行，在开展检测任务前，需要了解检测仪器的结构原理，熟练仪器操作。

技能基础1　氢化物原子荧光光谱法的基本操作技术

学习要求

1. 能够说出原子荧光光谱仪的基本结构、位置及部件作用。
2. 能够正确使用原子荧光光谱仪。重点
3. 能够对原子荧光光谱仪的参数进行设置。重点
4. 保持严谨求实的实验态度、团结进取的合作精神，并具有实验安全防护意识。

学习导引

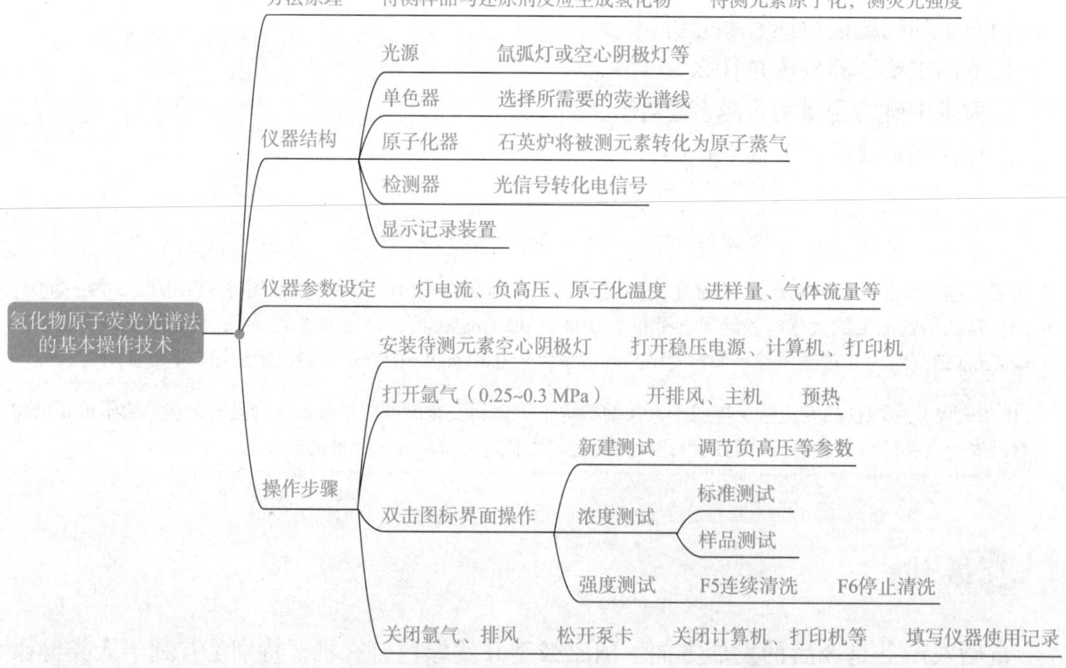

方法原理

原子荧光光谱分析法是通过测量待测元素的原子蒸气在辐射能激发下所产生的荧光发射强度，来测定待测元素含量的一种仪器分析方法。因为各种元素的原子所发射的荧光波长各不相同，所发射荧光强度和原子化器中单位体积的该种元素的基态原子数目成正比，如果激发光强度和原子化条件保持恒定，则可由荧光强度在一定范围内与溶液中被测物质

含量成正比的关系，计算样品中的被测物质含量。

仪器结构

1. 原子荧光光谱仪分类

原子荧光光谱仪仪器如图 5–1 所示，分为色散型和非色散型两类（表 5–1）。

表 5–1　原子荧光光谱仪分类

分类	色散型	非色散型
组成部分	辐射光源、单色器、原子化器、检测器、显示和记录装置	辐射光源、原子化器、检测器、显示和记录装置
优点	波长范围较广，波长选择方便，检测灵敏度高，可消除散射干扰和光谱干扰	原子荧光信号较强，仪器结构简单，造价低，操作简便
缺点	原子荧光强度较弱，造价较高，操作较复杂	有散射光干扰和光谱干扰
区别	有单色器	无单色器

原子荧光光谱分析法具有设备简单、灵敏度高、光谱干扰少、工作曲线线性范围宽、可以进行多元素测定等优点。在地质、冶金、石油、生物医学、地球化学、材料和环境科学等各个领域内获得了广泛的应用。

图 5–1　原子荧光光谱仪

2. 原子荧光光谱仪的基本结构

（1）光源。光源用来激发原子，使其产生原子荧光，可用连续光源或锐线光源，常用的连续光源是氙弧灯，可用的锐线光源有高强度空心阴极灯（图 5–2）、无极放电灯及可控温度梯度原子光谱灯和激光。原子荧光光谱仪一般采用的是特制的空心阴极灯作为激发光源，安装位置如图 5–3 所示。

图 5–2　空心阴极灯

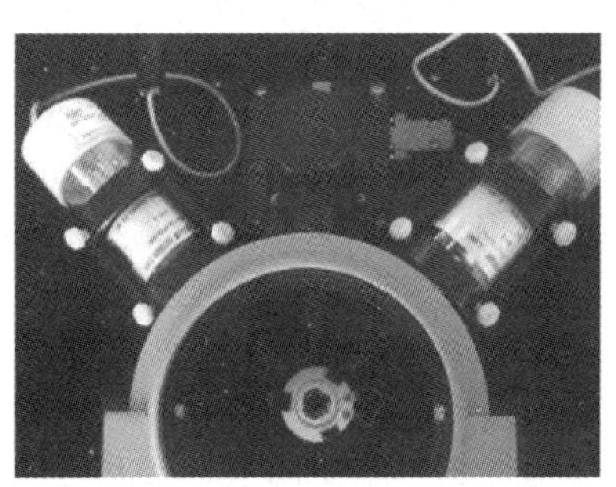

图 5–3　空心阴极灯位置图

（2）单色器。单色器用来选择所需要的荧光谱线，排除其他光谱线的干扰。

（3）原子化器。原子化器用来将被测元素转化为原子蒸气，有火焰、电热和电感耦合等离子焰原子化器。AFS系列的原子荧光光谱仪原子化器一般采用的是氢化物法原子化器（图5–4）。这种方法是基于在含砷、锑、铋、硒、碲或锡的酸性溶液中加入硼氢化钾，使上述各元素形成氢化物，当氢化物引入氩氢焰被原子化时，可以得到很高的灵敏度。它的主要部分是电加热的石英管，当硼氢化钾与酸性溶液反应生成氢气，被氩气带入石英炉时，氢气将被点燃并形成氩氢焰。这种原子化器只需要氩气作为传输气和保护气，经济实用。

（4）检测器。检测器用来检测光信号，并转换为电信号，常用的检测器是光电倍增管（图5–5）。

图5–4　石英炉原子化器

图5–5　光电倍增管

（5）显示和记录装置。显示和记录装置用来显示和记录测量结果，可采用电表、数字表、记录仪等。

3. 原子荧光光谱仪分析过程

酸化过的样品溶液中的被测元素与还原剂（一般为硼氢化钾或硼氢化钠）反应，在氢化物发生系统中生成氢化物或原子态元素（氢化砷、原子态汞、氢化硒、氢化铅等）。过量的氢气和气态氢化物或原子态元素与载气（氩气）混合，进入原子化器，氢气和氩气在特制点火装置的作用下形成火焰，使待测元素原子化。待测元素空心阴极灯发射的特征谱线通过聚焦，以及激发氩氢焰中待测元素原子，得到的荧光信号被光电倍增管接收，然后经过放大、解调，由数据处理系统得到结果。具体过程总结为：被测元素被还原→生成氢化物或原子态元素→待测元素原子化→吸收特征谱线→荧光信号被接收→数据处理显示（图5–6）。

4. 原子荧光光谱仪特点

（1）非色散系统，光程短，能量损失少。

（2）结构简单，故障率低。

（3）灵敏度高，检出限低，与激发光源强度成正比。

（4）接收多条荧光谱线。

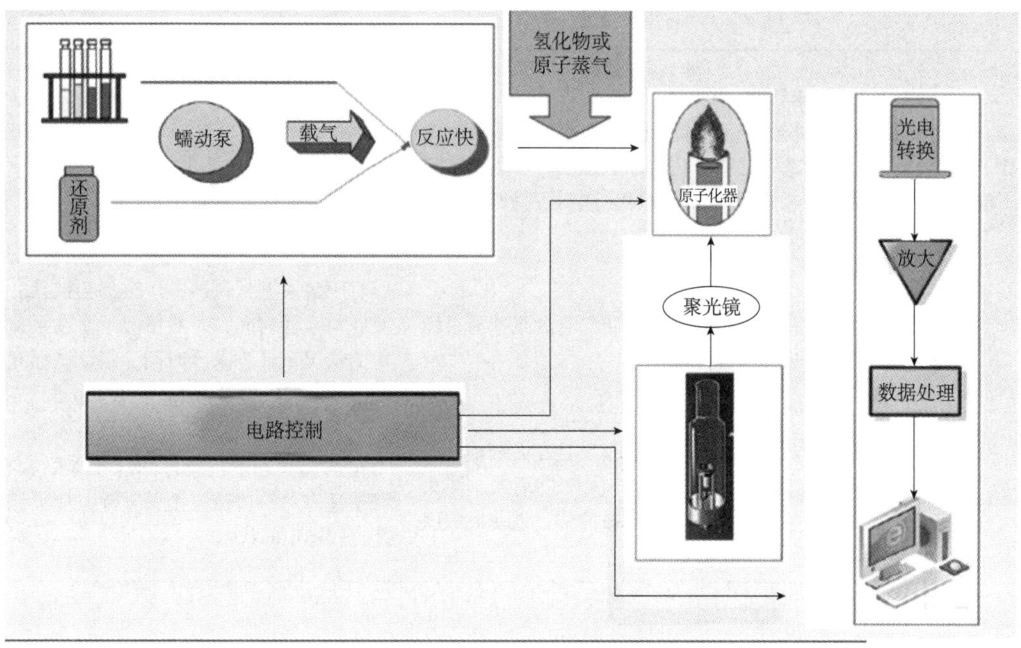

图 5-6　分析过程示意

（5）适合多元素分析。

（6）采用日盲管检测器，降低火焰噪声。

（7）线性范围宽，3 个量级。

（8）原子化效率高，理论上可达到 100%。

（9）没有基体干扰。

（10）可做价态分析。

（11）只使用氩气，运行成本低。

（12）采用氩氢焰，紫外透射强，背景干扰小。

5. 仪器参数设定

原子荧光光谱仪仪器参数包括灯电流、负高压、原子化器温度、延时时间、进样时间、读数时间等，一般应根据被测元素的特性及其气体发生条件、被测试样含量及标准曲线的浓度等因素来选择最佳参数（表 5–2）。

表 5–2　原子荧光光谱仪参数设定

仪器参数	设定根据	推荐值
灯电流	灯电流太大，会产生自吸现象，影响检出限和稳定性，以及缩短灯的使用寿命，为此应在满足分析灵敏度的要求下，尽可能选择小的灯电流	对于砷元素，生产厂家一般建议使用灯电流不要超过 100 mA；对于汞元素，实验表明，汞灯的灯电流适用范围为 30 ～ 50 mA
负高压	过高的负高压易引起仪器噪声过大，因此在已满足分析灵敏度条件下，不宜选择太大的负高压，影响测定精密度	最佳工作条件的选择应该根据对某元素测定的要求，通过实验选用负高压和灯电流两者最佳配合的工作条件。应在参照仪器厂家给的仪器条件的基础上进行

续表

仪器参数	设定根据	推荐值
原子化器温度	不同的分析元素对原子化器温度有不同的要求，选用适宜的原子化器加热温度，有利于达到最佳分析灵敏度和测试精度，同时可降低记忆效应和气相干扰	原子化器加热温度经实验后才能确定
进样量	对于进样量，由蠕动泵控制，它的泵速与采样时间决定试样的进样量	对于某一型号仪器，厂家都会推荐一个泵速与采样时间，一般情况下是在泵速确定的情况下计算采样时间，保证试样充满管道，一般进样量为 1.0 ～ 1.5 mL
气体流量	若气体流量太小，则火焰较小且左右摆动，测定重现性得不到保障；若气体流量调大，则火焰变细，被测元素原子密度被冲稀，致使灵敏度下降	在点火状态下，应仔细观察火焰状态，调节适宜的气体流量至关重要，使火焰保持比较稳定的状态

巩固习题

1. 原子荧光光谱法中，酸化过的样品与（　　）反应，然后生成氢化物。

   A. 氧化剂　　B. 还原剂　　C. 强酸溶液

2. 在原子荧光光谱法中，氩气是（　　）。

   A. 燃气　　B. 助燃气　　C. 载气

3. 完成表 5-3 的填写。

表 5-3　原子荧光光谱仪结构及其作用

组成部件	作用
	激发原子使其产生原子荧光
	选择所需要的荧光谱线
	将被测元素转化为原子蒸气
	接收信号并转化为数据
	显示和记录测量结果

4. 原子荧光光谱仪可分为________和________两类。

5. 原子荧光光谱仪的传输气和保护气是（　　）。

   A. 氢气　　B. 氩气　　C. 乙炔

6. 下列物质中，可以用来做原子荧光光谱仪还原剂的是（　　）。

   A. 硼氢化钾　　B. 氯化钾　　C. 硫氰化钾

二维码 5-1
习题参考答案

小组讨论

1. 原子荧光光谱仪实验室对实验环境有什么要求？哪些自然环境因素对实验结果有较大影响？

2. 从实验安全角度考虑，实验室应备有哪些器材？

实训任务

结合实验室原子荧光光谱仪，各小组同学讨论并指出各结构部件在仪器中的可能位置，练习仪器基本操作。

安全小贴士

电源插头、插座保持干燥；

室内温度适宜，避免强光照射；气体管路连接应严密，可用皂膜法检漏。

1. 准备工作

首先确定待测元素，并安装相应元素的高性能空心阴极灯（图 5–7）。

图 5–7　原子荧光空心阴极灯

2. 开机

（1）依次打开稳压电源、计算机开关、打印机（图 5–8）。

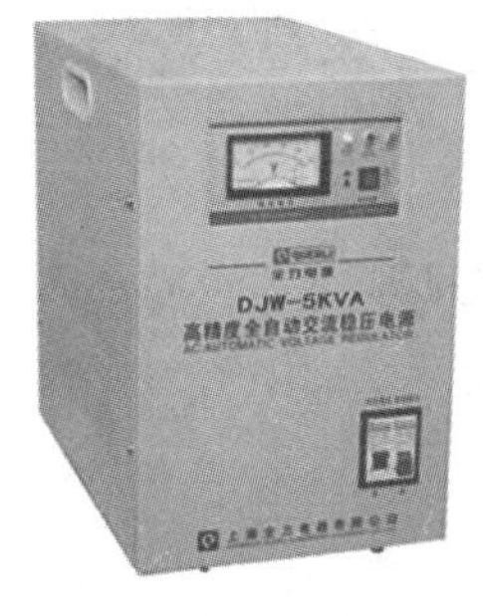

图 5–8　稳压器、计算机、打印机

（2）打开氩气。首次使用时，应逆时针旋转主阀，然后顺时针打开氩气钢瓶的减压阀，调节压力表的副表头压力达到 0.25 MPa 至 0.3 MPa，之后每次使用时可只打开或关闭氩气钢瓶主阀即可。氩气钢瓶中氩气不足时，即压力表的主表不足 1 MPa 时，应更换氩气（图 5–9）。

图 5–9　氩气瓶主阀与减压阀

（3）打开排风机（图 5–10）；打开主机电源（图 5–11），预热时间大于 15 min。

图 5–10　打开排风机

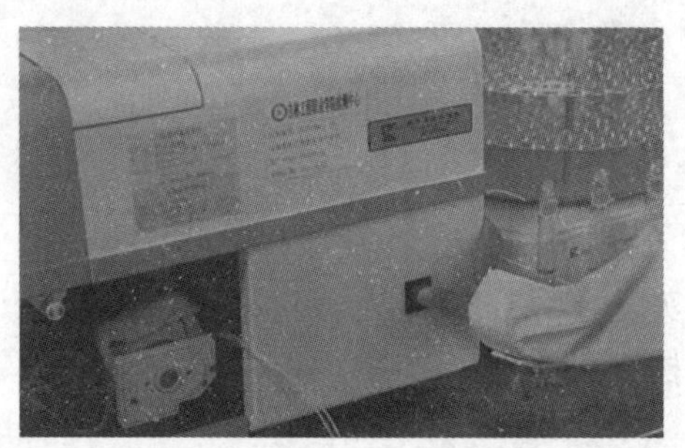

图 5–11　打开主机电源

（4）为增大进样泵管使用寿命，此步骤中保持松开泵卡预热，测试时再闭合泵卡（图 5–12）。

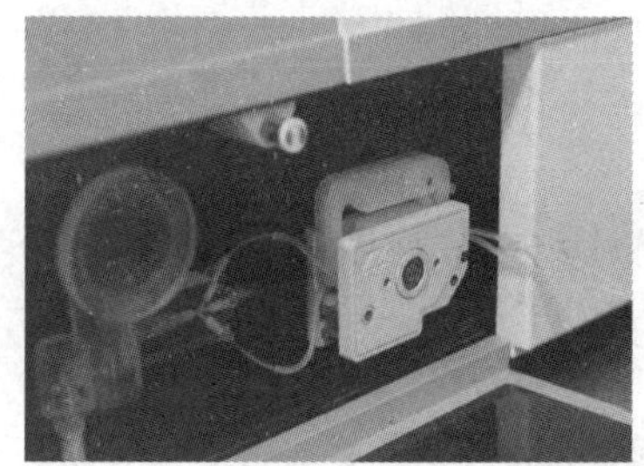

图 5–12　进样泵的松开与闭合状态

3. 新建测试

（1）打开工作站，在用户密码处输入密码，单击“登录”按钮进入（图 5–13）。

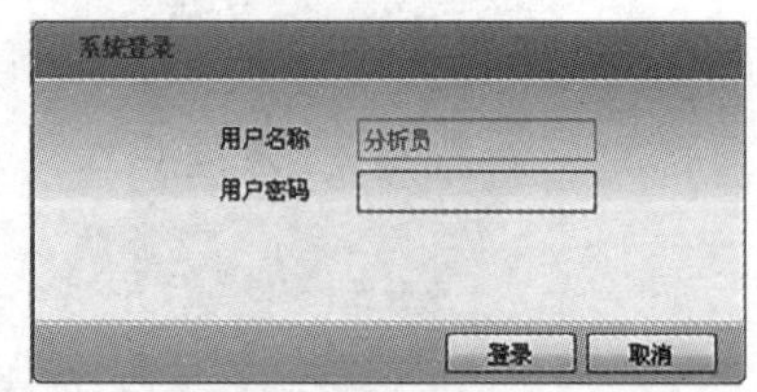

图 5–13　登录界面

（2）闭合泵卡：单击“新建测试”按钮，在弹出的对话框中输入文件名、通道类型及对应元素，输入送样单位，单击“确定”按钮（图 5–14）。

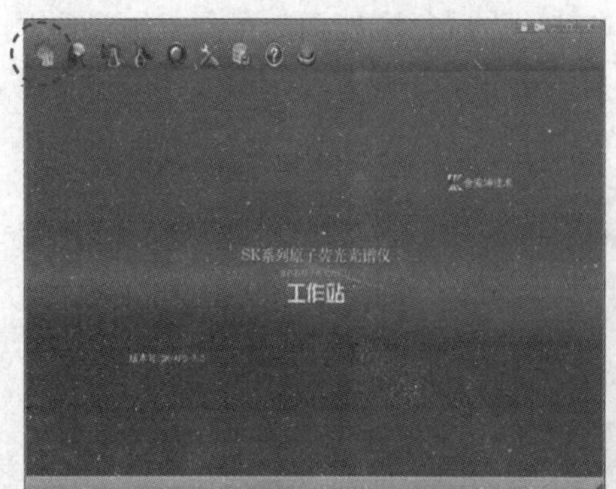

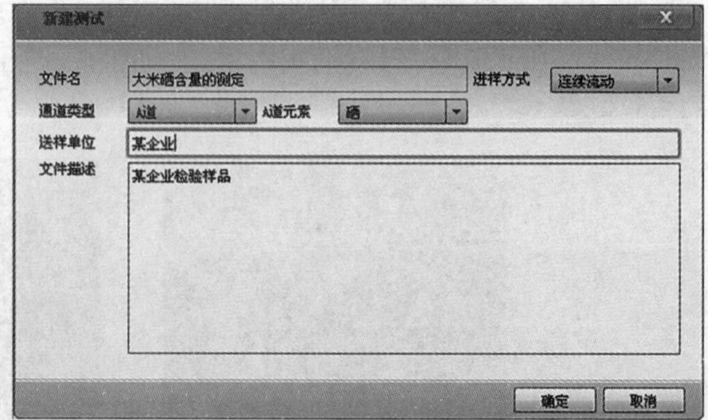

图 5–14　新建测试界面

4. 参数设置

（1）进入参数设置界面（图 5–15），先设置“延迟时间”及“泵停延时时间”，单击“参数检测”按钮。

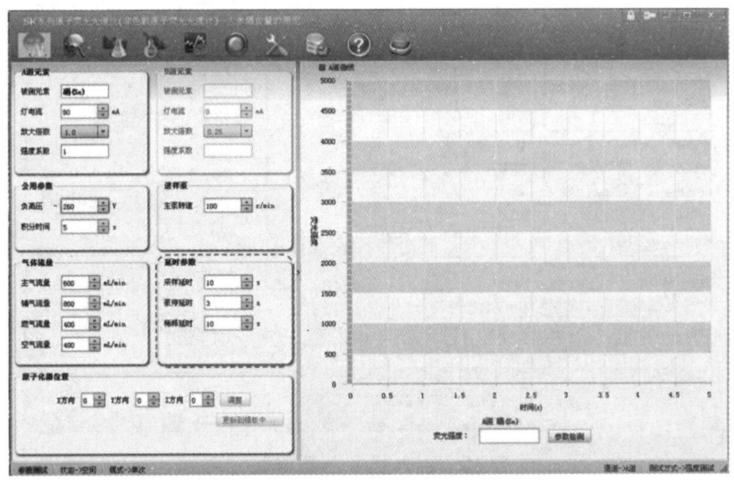

图 5–15　参数设置界面

（2）预热完毕后，将两个进样管路分别放入标准溶液浓度最大值点（管 1）和还原剂（管 2）中（图 5–16），调节负高压（图 5–17）使荧光强度到达测试要求。调节完毕后，将管 1 插入空白溶液中清洗管路。

图 5–16　还原剂与标液浓度最大值点

5. 测量标准系列

（1）单击“浓度测试”按钮，选择“曲线类型→测试次数”输入标准溶液浓度，单击“确定”按钮（图 5–18）。

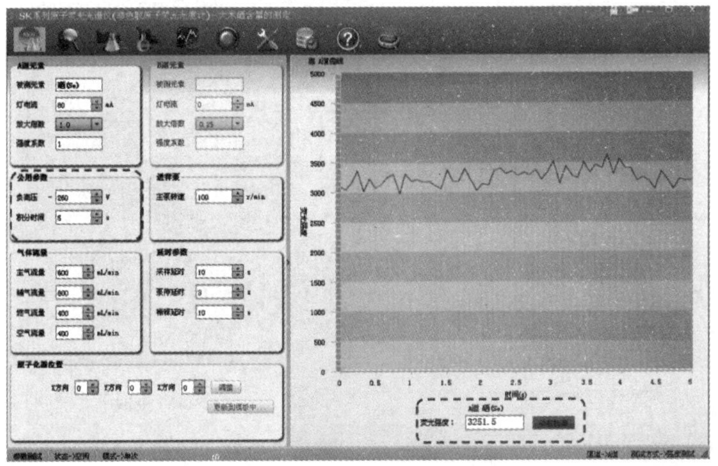

图 5–17　调节负高压界面

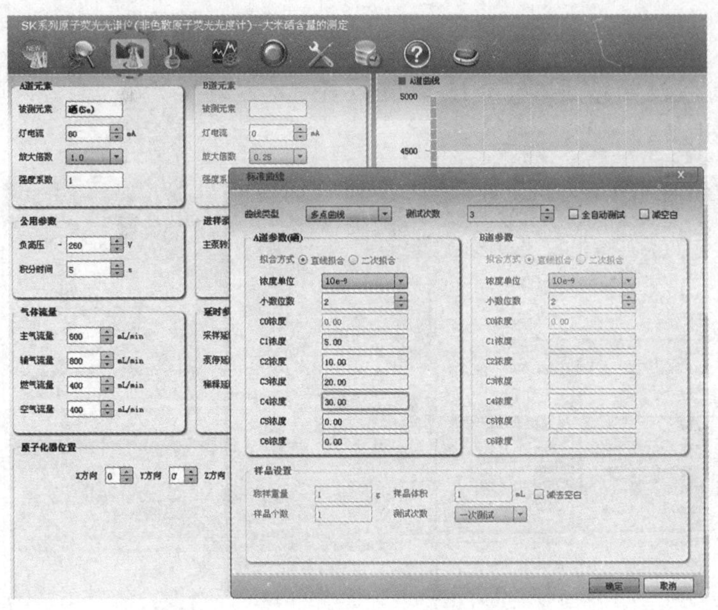

图 5-18 输入标准溶液浓度界面

（2）进入测试页面，将进样管 1 分别插入各浓度标样中测试各浓度点（图 5-19），要求从低浓度至高浓度，单击“测试”（图 5-20）。

（3）单击“标准曲线”，查看标准曲线（图 5-21）。同时将进样管 1 插入空白溶液中清洗管路。

图 5-19 测试操作

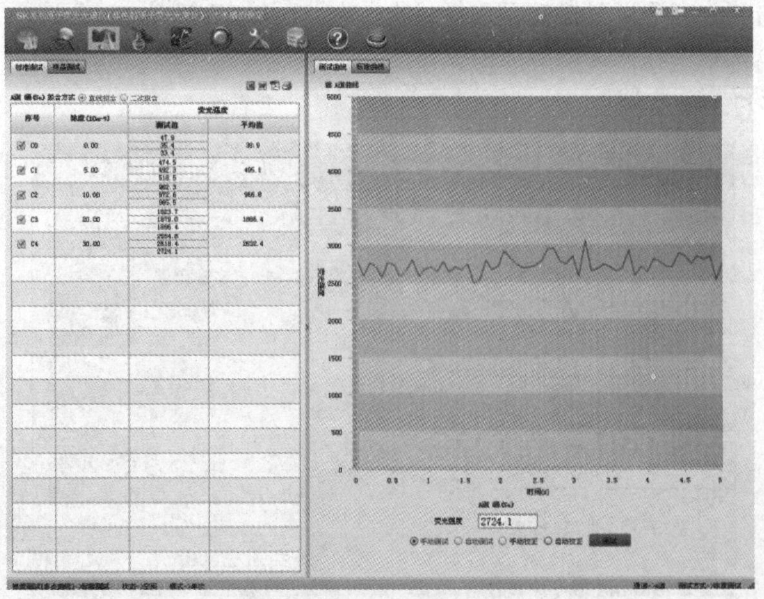

图 5-20 标准溶液测试界面

项目 5

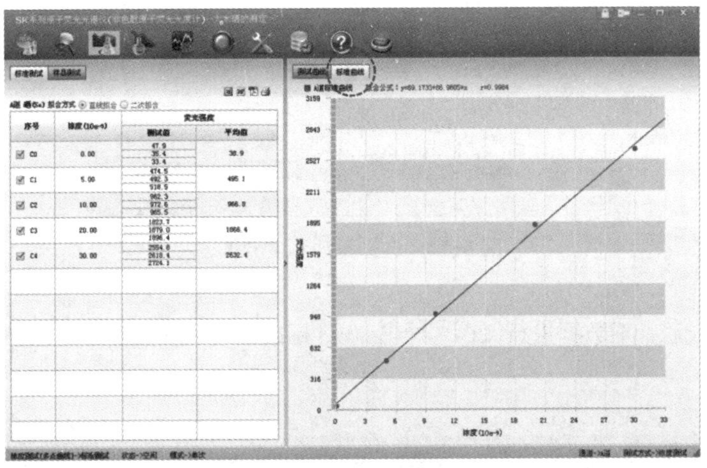

图 5-21　查看标准曲线界面

6. 测量样品

（1）单击“样品测试”，进行样品设置（图 5-22）。分别设置样品个数，测试次数。

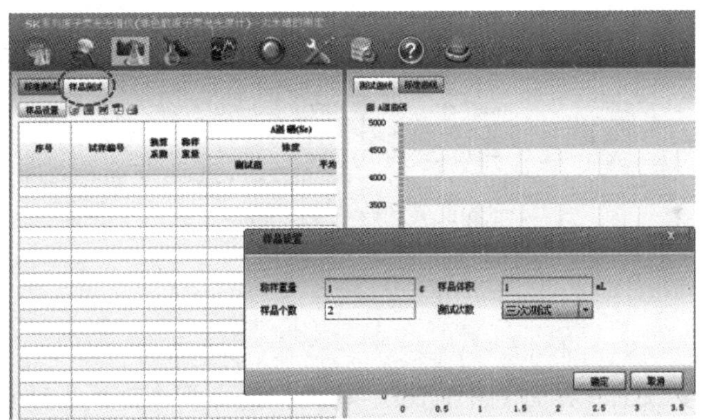

图 5-22　样品测试设置界面

（2）测试样品时，进样管 1 依然插入空白溶液中，样品选择“空白手动测试”(图 5-23)。

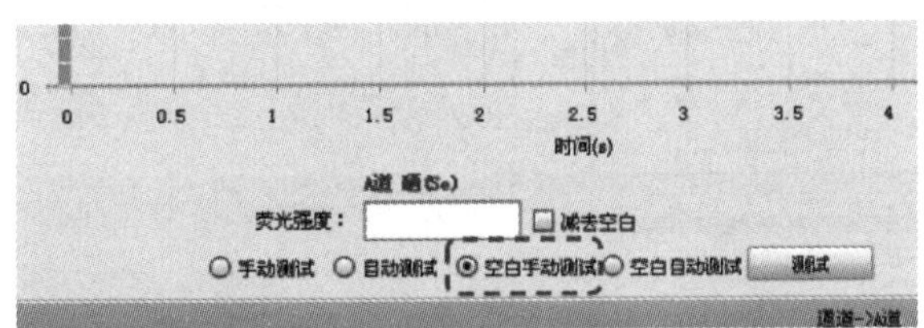

图 5-23　选择空白测试界面

（3）将进样管 1 依次插入样品溶液中，选择“手动测试”（图 5-24），同时要选上“减去空白”。注意：在不同样品测试之前，都需要将进样管 1 插入空白溶液中清洗管路，再进行新的样品测试。

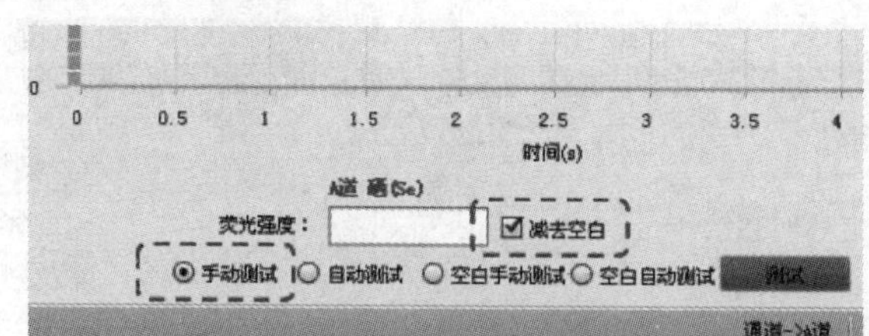

图 5-24　选择手动测试界面

（4）测试完成后，对数据进行保存。导出 Word 标准曲线和样品测试结果并打印，如图 5-25 所示。

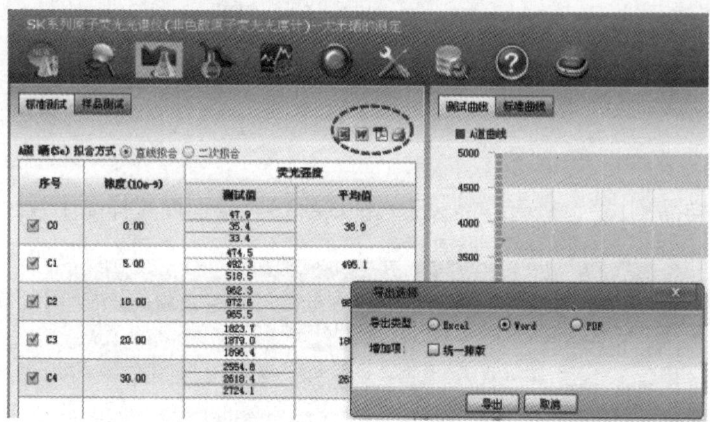

图 5-25　导出文件界面

7. 清洗管路

单击进入“强度测试”界面（图 5-26），将两根进样管全部插入纯水中，按快捷键 F5（连续测试）清洗 5 min，按快捷键 F6 停止清洗，即可达到清洗目的。

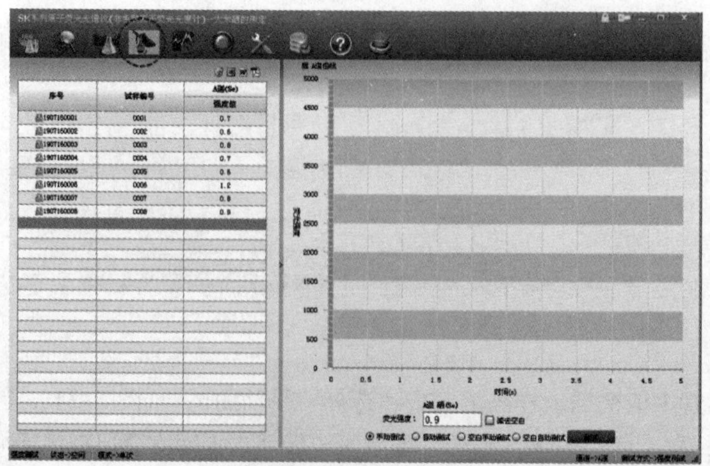

图 5-26　强度测试界面

8. 关机

（1）顺时针关闭氩气瓶主阀。关闭排风机。待仪器中的余气流尽，报警以后，关闭原子荧光光谱仪主机电源并松开蠕动泵的泵卡。

（2）数据处理结束后，依次关闭分析测试软件、计算机、打印机和稳压电源。填写仪器使用记录。等待仪器冷却后，罩上仪器防尘罩。

巩固习题

1. 原子荧光光谱仪预热时，应（　　），并预热 15 min，待使用仪器时再闭合。

A. 清洗进样管　　B. 松开泵卡　　C. 打开窗户

2. 每测量一个样品前，都应（　　），并用吸水纸擦拭其外部，再进行样品测定。

A. 将进样管插入空白溶液中清洗管路

B. 将进样管插入标液浓度最高点进行测试

C. 将进样管插入还原剂中清洗管路

3. 以下说法错误的是（　　）。

A. 每测一个未知样品前，仪器管路都需用去空白溶液清洗管路

B. 每次测定样品前，先确定待测元素，并安装相应元素的高性能空心阴极灯

C. 关机需要操作的内容是关闭氩气、排风、软件、计算机、打印机和稳压电源，泵卡呈闭合状态

二维码 5-2
习题参考答案

小组讨论

各小组对照原子荧光光谱仪使用规程，练习使用仪器，并交流操作中易出现的问题，讨论解决办法。

技能基础2　原子荧光法的定量分析

学习要求

1. 能够正确进行定量操作，并熟练操作原子荧光光谱仪。重点
2. 能够对未知溶液浓度进行标准曲线法定量计算。重点难点
3. 能够保持细致耐心、严谨的实验态度和团队合作精神。

学习导引

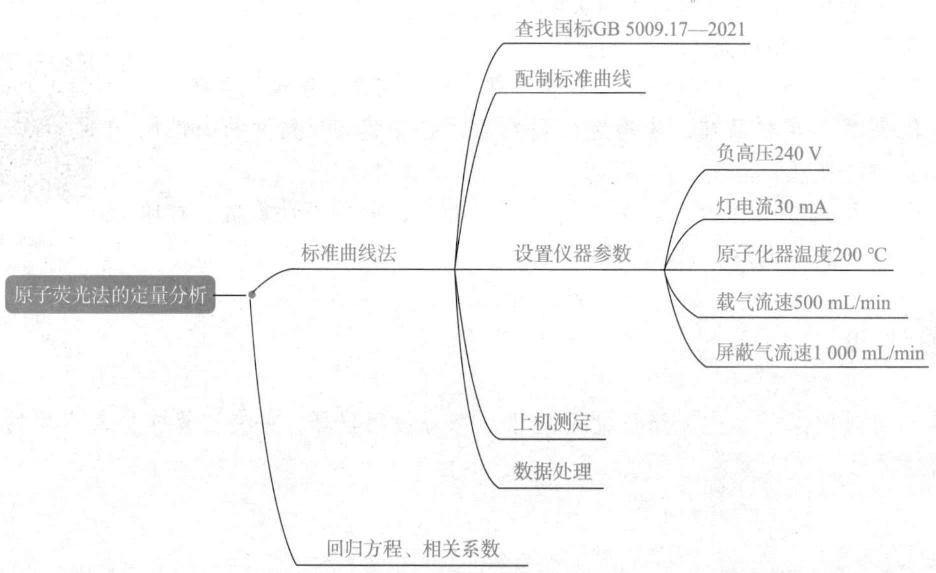

实训任务

安全小贴士
戴防护手套、口罩；安全用电。

以小麦粉消解液为实验样品，依据《食品安全国家标准 食品中总汞及有机汞的测定》（GB 5009.17—2021）方法来检测其总汞含量。已知《食品安全国家标准 食品中污染限量》（GB 2762—2022）规定小麦粉总汞的限量为0.02 mg/kg，通过检验结果判定是否符合标准要求。

二维码5-3
汞的检验依据及限量标准

本任务使用标准曲线法进行定量。首先用标准样品配制成不同浓度的标准系列，在与待测组分相同条件下，测量各样品的荧光值，并用其荧光值对样品浓度绘制标准曲线。

1. 实验设计

二维码 5-4
GB 5009.17—2021
食品中总汞和有机汞的测定

分别吸取浓度为 50 μg/L 的汞标准使用液 0.00 mL、0.20 mL、0.50 mL、1.00 mL、1.50 mL、2.00 mL 于 50 mL 容量瓶中，用（1+9）硝酸溶液稀释至刻度，摇匀。同时提供小麦粉消解液空白液、小麦粉消解液 1 和小麦粉消解液 2。根据表 5-4 进行定量并计算表中的溶液浓度（μg/L）。

表 5-4　汞标准序列配制表

比色管编号	0	1	2	3	4	5
$V_{50\ \mu g/L\ 汞标}$/mL	0.00	0.20	0.50	1.00	1.50	2.00
定容体积 / mL	50	50	50	50	50	50
溶液浓度 /（μg/L）						

2. 仪器参考条件

光电倍增管负高压：240 V；汞空心阴极灯电流：30 mA；原子化器温度：200 ℃；载气流速：500 mL/min；屏蔽气流速：1 000 mL/min。

3. 定量计算

计算公式（5-1）如下：

$$X=\frac{(\rho-\rho_0)\times V\times 1\,000}{m\times 1\,000\times 1\,000} \tag{5-1}$$

式中　X——试样中汞含量（mg/kg）；

ρ——测定样液中汞含量（μg/L）；

ρ_0——空白液中汞含量（μg/L）；

V——试样消化液定容总体积（mL）；

1 000——换算系数；

m——试样质量（g）。

实验记录

1. 根据小组实验结果完成检验记录（表 5-5）

表 5-5　原始记录表

比色管编号	0	1	2	3	4	5	空白	小麦 1	小麦 2
溶液浓度 /（$\mu g\cdot L^{-1}$）									
荧光值									
回归方程：				相关系数 r=					

2. 计算过程

$X_1=$

$X_2=$

$\overline{X}=$

3. 结论

试样小麦粉总汞含量为________ mg/kg，________（符合 / 不符合）国家规定小麦粉总汞的限量（国家规定限值为 0.02 mg/kg）。

评价反思

考核评价表见表 5-6。

表 5-6　考核评价表　　　　姓名：　　　　学号：

考核内容	评分标准	配分	得分
开机	打开稳压电源、计算机、主机电源等	5	
	预热，泵卡松弛状态	5	
	打开软件，闭合泵卡	5	
	设置参数	5	
	设置负高压	10	
	打开排风、载气	5	
进样	进样分析	15	
	数据保存	5	
关机	关仪器	5	
	关排风、载气	5	
	关计算机	5	
	稳压电源	5	
	不浪费耗材，无器皿破损	5	
	仪器整理，实验台清理	5	
文明操作	操作熟练度	5	
团队合作	善于沟通，积极与他人合作	5	
数据处理	计算正确，结果填写规范、无涂改	5	
总分		100	

任务 1　大米硒的消解

任务要求

1. 能够结合 GB 5009.93—2017 按需准备实验试剂。难点
2. 能够学会大米硒的消解流程，理解操作细节。重点
3. 能够保持耐心细致的实验态度和实验节约、安全意识。

任务导引

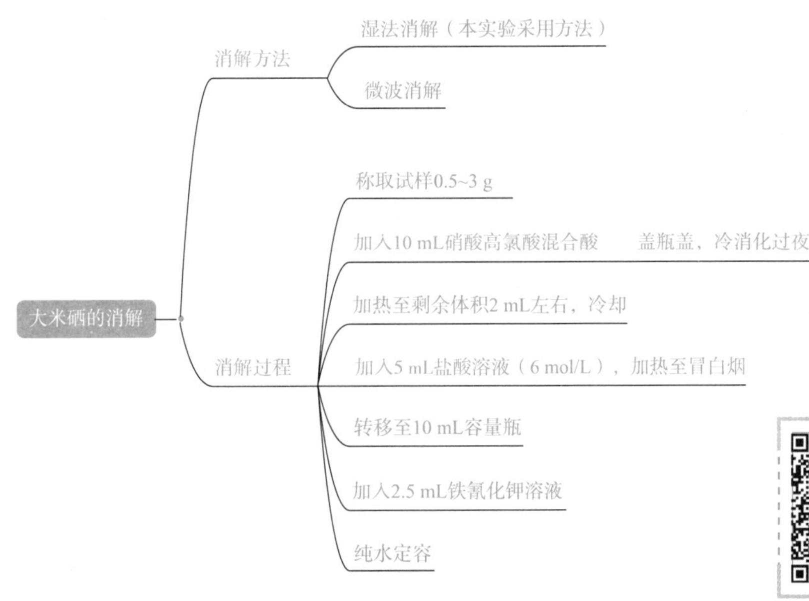

二维码 5-5
GB/T 22499—2008
富硒稻谷

方法原理

1. 检验方法和指标（表 5-7）

表 5-7　富硒大米的检测方法和指标

食品类别	依据标准	指标要求	检测方法
粮食及其制品	GB/T 22499—2008	0.04 ～ 0.30 mg/kg	GB 5009.93—2017 第一法　氢化物原子荧光光谱法

二维码 5-6
GB 5009.93—2017
食品中硒的测定

2. 检验原理（表 5–8）

表 5-8　原子荧光法测大米硒含量

1	酸化	在盐酸介质中，将样品中的六价硒还原成四价硒
2	还原	用硼氢化钠或硼氢化钾将四价硒还原成硒化氢
3	原子化	样品由载气（氩气）带入原子化器
4	定量	硒原子被激发后，发射出特征波长的荧光，其荧光强度与硒含量成正比，与标准系列比较定量
5	定量计算	标准曲线法测得大米硒含量

任务实施

安全小贴士
戴防护手套、口罩；玻璃器皿需小心使用和清洗；小心使用强酸；安全用电。

1. 消解方法

大米硒的消解方法共有两种，分别是湿法消解和微波消解。本实验使用的方法为湿法消解。

2. 实验器材（表 5–9）

所有玻璃器皿及聚四氟乙烯消解内罐均需硝酸溶液（1+5）浸泡过夜，用自来水反复冲洗，最后用纯水冲洗干净。

表 5-9　实验器材

器材名称	数量	器材名称	数量	器材名称	数量	器材名称	数量

3. 实验试剂（表 5–10）

表 5-10　实验试剂

试剂	浓度	试剂	浓度
硝酸	12 mol/L 以上	高氯酸	12 mol/L 以上
盐酸溶液	6 mol/L	铁氰化钾溶液	100 g/L

4. 消解

消解过程：首先称取两份固体试样 0.5 ～ 3 g（精确至 0.001 g）于锥形瓶中，做好标记，同时另取一个锥形瓶，什么都不加，做空白样品。三个锥形瓶均加入 10 mL 硝酸 – 高氯酸混合酸（比例为 9+1），盖上瓶口冷消化，过夜。次日于电热板上加热，并及时补加硝酸。当溶液变为清亮无色并伴有白烟产生时，再继续加热至剩余体积为 2 mL 左右，切不可蒸干。冷却，再加 5 mL 盐酸溶液（6 mol/L），继续加热至溶液变为清亮无色，并伴有白烟出现。冷却后转移至 10 mL 容量瓶中，加入 2.5 mL 浓度为 100 g/L 的铁氰化钾溶液，用纯水定容，混匀待测。

二维码 5-7
大米硒的消解

评价反思

考核评价表见表 5-11。

表 5-11　考核评价表　　　　姓名：　　　　学号：

过程	考核内容	评分标准	配分	得分
准备	学习态度	自学充分，注意安全，方案设计清晰	10	
	器皿编号	实验器皿正确编号	10	
消解过程	天平	检查水平，正确称量读数，保持整洁	10	
	移液管	握法、润洗、取样、读数准确熟练	10	
	容量瓶	加液无滴洒、定容准确，正确混匀	10	
	加热	打开排风，关闭通风橱内玻璃窗	10	
其他	技巧	操作熟练度	10	
	文明操作	不浪费耗材，无器皿破损	10	
	整理	器皿洗涤，仪器整理，实验台清理	10	
	团队合作	善于沟通，积极与他人合作	10	
总分			100	

巩固习题

1. 所有玻璃器皿及聚四氟乙烯消解内罐均需用（　　）浸泡过夜，用自来水反复冲洗，最后用水冲洗干净。

A. 盐酸溶液（1+5）　　B. 硝酸溶液（1+5）　　C. 硫酸溶液（1+5）

2. 需要消解的样品锥形瓶均加入 10 mL 硝酸－高氯酸混合酸，（　　）瓶口冷消化，过夜。

A. 敞开　　B. 盖上　　C. 密封

3. 消解后的样品经冷却后，转移至 10 mL 容量瓶中，加入 2.5 mL 浓度为 100 g/L 铁氰化钾溶液，用（　　）定容，混匀待测。

A. 5% 硝酸　　B. 纯水　　C. 稀硝酸（2+100）

小组讨论

二维码 5-8
习题参考答案

1. 消解操作需要注意哪些安全问题？
2. 自主学习，微波消解方法的操作过程是什么？

任务 2　硒标准曲线和样品的制备

任务要求

1. 能够完成标准曲线的配制和样品溶液的配制，理解操作细节。重点
2. 能够保持细致严谨的实验态度和实验安全意识。

任务导引

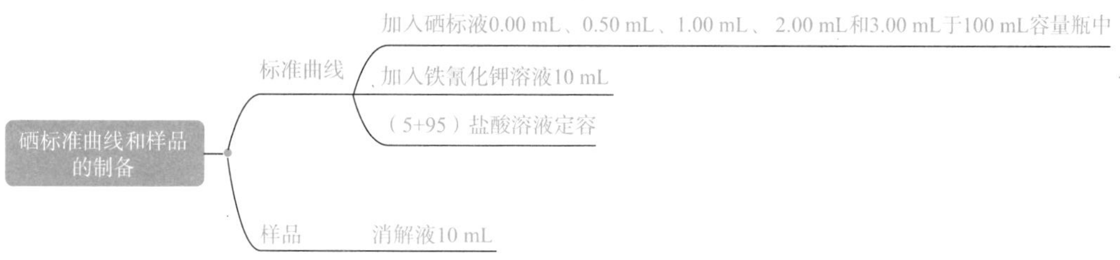

任务实施

1. 实验器材（表 5-12）

表 5-12　准备实验器材

器材名称	数量	器材名称	数量	器材名称	数量	器材名称	数量

2. 实验试剂（表 5-13）

表 5-13　准备实验试剂

试剂	浓度	试剂	浓度
硒标准使用溶液	1.00 mg/L	盐酸溶液	5+95
铁氰化钾溶液	100 g/L		

3. 标准曲线的制备

> **安全小贴士**
> 戴防护手套、口罩；玻璃器皿需小心使用和清洗；安全用电。

硒标准曲线的制备过程：分别准确吸取浓度为 1.00 mg/L 硒标准使用液 0.00 mL、0.50 mL、1.00 mL、2.00 mL 和 3.00 mL 于 100 mL 容量瓶中，加入铁氰化钾溶液 10 mL，用（5+95）盐酸溶液定容至刻度，混匀待测。此硒标准系列溶液的质量浓度分别为 0 μg/L、5.00 μg/L、10.0 μg/L、20.0 μg/L 和 30.0 μg/L。本实验的标准系列也可根据仪器的灵敏度及样品中硒的实际含量确定质量浓度。样品溶液为任务 1 中消解后的消解液。

二维码 5-9
硒标准曲线的制备

根据以上实验流程描述，填写表 5-14。

表 5-14 标准系列及样品溶液制备步骤

序号 / 实验流程	标准系列					样品溶液 / mL		
	0	1	2	3	4	样 1	样 2	空白
硒标准使用液 / mL	0.00	0.50	1.00	2.00	3.00	消解液 1	消解液 2	消解液空白
样品溶液 / mL	—	—	—	—	—			
铁氰化钾溶液 / mL								
用（5+95）盐酸定容至 100 mL 容量瓶中						消解后为 10 mL 容量瓶		
硒浓度 /(μg · L^{-1})						X_1	X_2	X_0

评价反思

考核评价表见表 5-15。

表 5-15 考核评价表

姓名： 学号：

过程	考核内容	评分标准	配分	得分
准备	学习态度	自学充分，注意安全，方案设计清晰	10	
	器皿	实验器皿正确编号、检漏	10	
配制过程	胶头滴管	握法，滴加位置，是否竖直	10	
	移液管	握法、润洗、取样、读数准确熟练	10	
	量筒	加液无滴洒、定容准确	10	
	容量瓶	检漏，定容准确，摇匀	10	
其他	技巧	操作熟练度	10	
	文明操作	不浪费耗材，无器皿破损	10	
	整理	器皿洗涤，仪器整理，实验台清理	10	
	团队合作	善于沟通，积极与他人合作	10	
总分			100	

理论提升

问题 1：加入铁氰化钾的作用是什么？

加入铁氰化钾主要是要消除测硒时大部分非硒元素的干扰。

问题 2：实验中为什么要使用 6 mol/L 盐酸？

盐酸本身具有一定的还原性；硒很容易水解，用较大酸度的盐酸可以抑制硒的水解，防止测定结果偏低；充分利用氯离子的配位性，提高硒溶液的稳定性。

巩固习题

1. 硒标准使用液最终用（　　）定容至刻度，混匀待测。
   A. 纯水
   B.（2+100）硝酸溶液
   C.（5+95）盐酸溶液
2. 加入铁氰化钾溶液的作用是（　　）。
   A. 将硒离子还原
   B. 消除测硒时大部分非硒元素的干扰
   C. 防止细菌污染
3. 实验中要使用 6 mol/L 盐酸，它的作用不包括（　　）。
   A. 用较大酸度的盐酸可以抑制硒的水解
   B. 中和溶液中的碱
   C. 提高硒溶液的稳定性

二维码 5-10
习题参考答案

任务3　硒标准曲线和样品的测定

任务要求

1. 能够独立完成原子荧光光谱仪的上机检测工作。重点难点
2. 能够保持耐心细致的实验态度和实验节约、安全意识。

任务导引

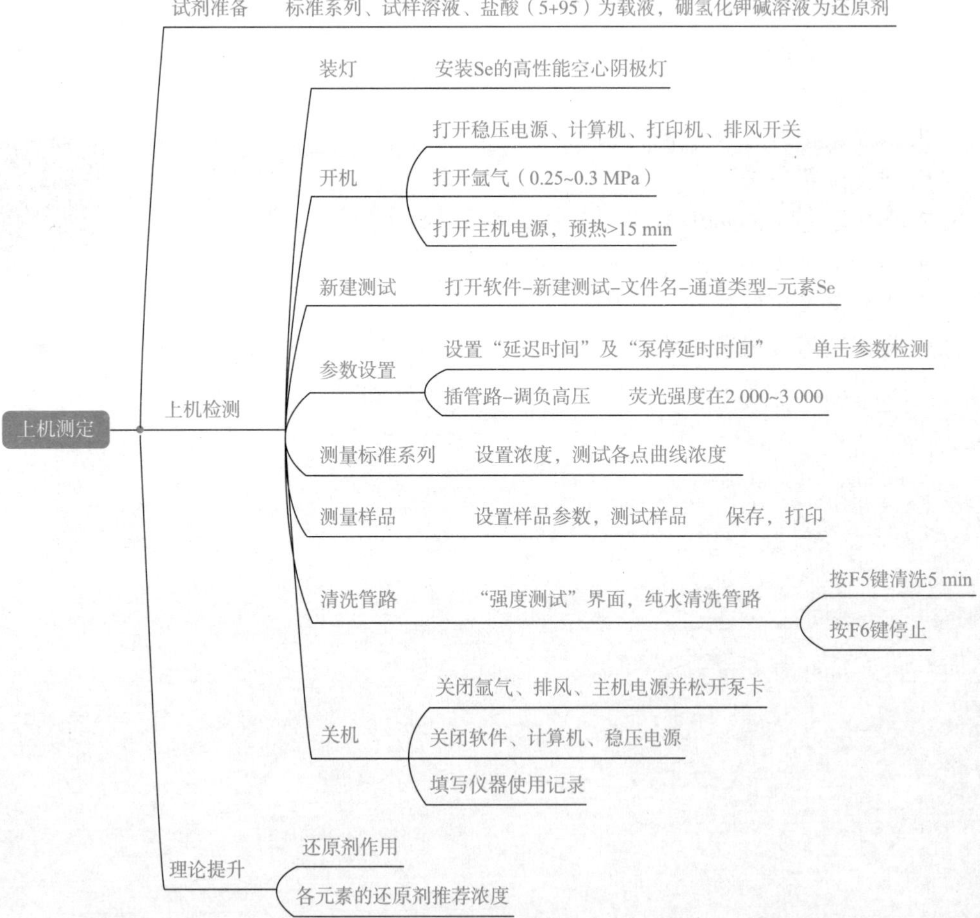

任务实施

1. 实验器材（表 5–16）

表 5–16　实验器材

器材名称	数量	器材名称	数量	器材名称	数量	器材名称	数量

2. 实验试剂

标准曲线序列和试样溶液，盐酸（5+95），硼氢化钾碱溶液。

3. 标准曲线和试样溶液的测定

在与测定标准系列溶液相同的实验条件下，将空白溶液和试样溶液分别导入仪器，测定其荧光值强度，与标准系列比较定量。本实验以盐酸（5+95）为载液，硼氢化钾碱溶液为还原剂。

二维码 5-11
原子荧光上机测定

上机检测操作流程参照表 5–17。

表 5–17　上机检测操作

项目	正确操作
装灯	安装硒元素的高性能空心阴极灯
开机	打开稳压电源、计算机、排风机开关
	打开氩气，逆时针打开主阀，顺时针打开减压阀，调节压力为 0.25 ～ 0.3 MPa
	打开仪器主机电源，预热 15 min。预热时应松开泵卡，待测试时再闭合泵卡
新建测试	打开软件，登录进入。单击“新建测试”，输入文件名，通道类型：A 通道为元素 Se
参数设置	设置“延迟时间”为 15 s，以及“泵停延时时间”为 3 s，单击“参数检测”。 预热后，将两个进样管路分别放入标准溶液浓度最大值点和还原剂中，调节负高压 280 V，使荧光强度为 2 000 ～ 3 000
测量标准系列	单击“浓度测试”，选择“曲线类型”为“多点曲线”，“测试次数”为“3”次，输入标准溶液浓度分别为：0 μg/L、5 μg/L、10 μg/L、20 μg/L、30 μg/L，进入测试。测量顺序要求从低浓度到高浓度，且每次测量前需用吸水纸擦拭进样管外部
测量样品	单击“样品测试”，进行样品设置，分别设置“样品个数”为“2”，“测试次数”为“3”次。先选择“空白测试”，然后再选择“手动测试”，同时要选上“减去空白”。每个样品测试前，都应将进样管插入空白溶液中清洗管路，并用吸水纸擦拭其外部，再进行样品测定。保存数据，并打印
清洗管路	进入“强度测试”界面，纯水清洗管路，按 F5 键清洗 5 min，按 F6 键停止清洗
关机	顺时针关闭氩气钢瓶主阀，关闭排风；余气流尽后关闭仪器主机电源，松开泵卡；关闭软件、计算机、打印机和稳压电源。填写仪器使用记录

评价反思

考核评价表见表 5–18。

表 5–18　考核评价表　　　　姓名：　　　　学号：

过程	考核内容	评分标准	配分	得分
准备	学习态度	自学充分，注意安全，方案设计清晰	10	
	器皿编号	实验器皿正确编号	10	
测定过程	工作灯	工作灯选择正确	10	
	参数	通道、负高压、电流等参数设置正确	10	
	测定	标准曲线和试样检测顺序正确	10	
	关机	正确关闭相关仪器使用器材	10	
其他	技巧	操作熟练度	10	
其他	文明操作	不浪费耗材，无器皿破损	10	
	整理	器皿洗涤，仪器整理，实验台清理	10	
	团队合作	善于沟通，积极与他人合作	10	
总分			100	

理论提升

在原子荧光光谱仪的检测中，硼氢化钾的作用是还原剂，能与被测元素生成氢化物。目前仅可以分析能够形成氢化物（包括蒸气）的有砷、锑、铋、锡、硒、碲、铅、锗、汞、镉、锌等十几种元素。还原剂在氢化物发生原子荧光分析中扮演三重角色，分别是：作为还原剂，为元素发生氢化反应提供新生态氢（H）；与酸反应生成氢气，在石英炉原子化器出口形成 $Ar-H_2-O_2$ 浸入焰，提供原子化阶段的能量；提供充分的氢自由基，促使氢化物的原子化。

另外，在检测砷或锑等元素时，还可以加入一定浓度的硫脲和抗坏血酸溶液，它们的作用是降低被测元素的价态，能更好地生成氢化物。

巩固习题

1. 调节仪器的负高压时，最好将荧光强度控制为（　　）。

A. 3 000 以上　　B. 2 000 ～ 3 000　　C. 2 000 以下

2. 在检测砷或锑等元素时，还可以加入一定浓度的硫脲和抗坏血酸溶液，它们的作用是（　　）。

A. 降低被测元素的价态，更好地生成氢化物

B. 中和溶液中盐酸的酸度

C. 与还原剂反应，促进待测元素检测

3. 在原子荧光光谱仪的检测中，硼氢化钾的作用是（　　）。

A. 氧化剂　　B. 还原剂　　C. 催化剂

二维码 5–12
习题参考答案

任务 4　数据分析

任务要求

1. 能够正确计算样品中大米硒的含量，并判定检测结果。重点难点
2. 能够积极对实验结果反思，明确检验工作的使命感和责任感。

任务导引

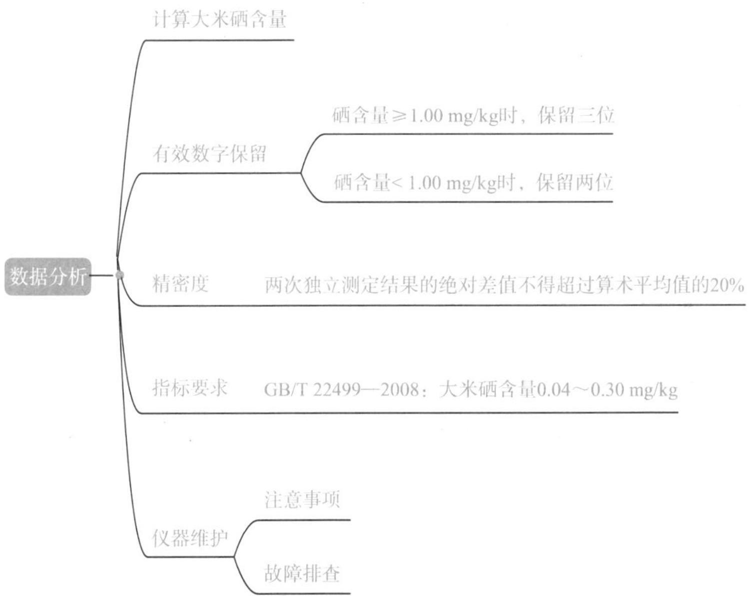

任务实施

1. 结果计算

（1）将数据代入计算公式（5-2）：

$$大米样品中硒含量\ X=\frac{(\rho-\rho_0)\times V}{m\times 1\ 000} \tag{5-2}$$

二维码 5-13
大米硒数据处理

式中　X——试样中硒的含量（mg/kg）;

ρ——试样溶液中硒的质量浓度（μg/L）;

ρ_0——空白溶液中硒的质量浓度（μg/L）;

V——试样消化液总体积（mL）；

m——试样称样量（g）；

1 000——换算系数。

（2）有效数字的保留。有效数字的保留遵循国家标准方法《食品安全国家标准 食品中硒的测定》（GB 5009.93—2017），当硒含量≥ 1.00 mg/kg 时，计算结果保留三位有效数字；当硒含量 <1.00 mg/kg 时，计算结果保留两位有效数字。

（3）精密度。试样的精密度计算方式为在重复性条件下获得的两次独立测定结果的绝对差值不得超过算术平均值的 20%。

2. 结果判定

经实验测定，样品大米中硒的含量为________，________(符合 / 不符合)《富硒稻谷》（GB/T 22499—2008）的要求（大米中硒元素含量应为________ mg/kg），单项检验结果________。

3. 填写完成实验原始记录（表 5–19）

表 5–19　原子荧光测定硒原始记录

编号：

样品名称		样品编号		检测日期	
检测地点		室温 t/°C		湿度 H/%	
检测项目			检测依据		
仪器名称、编号	□ YQ-　电子天平 □ YQ-　消解赶酸器		□ YQ-　原子荧光光谱仪 □ YQ-　电热板		□ YQ-　微波消解仪 □ YQ-　恒温水浴锅
灯电流	mA	负电压	V	载气流速	mL/min
标准中间液	100 mg/L	编号：	标准工作液	1.00 mg/L	
标准曲线编号	0	1	2	3	4
硒含量浓度（μg/L）					
荧光值					
回归方程			相关系数		

项目	平行样品	
	1	2
试样质量 /g		
测定溶液荧光值		
测定溶液中硒的质量浓度 ρ/（$mg \cdot L^{-1}$）		
试样消化液总体积 V/mL		
样品中硒含量 X/（$mg \cdot kg^{-1}$）		
样品中硒含量平均值 $\bar{X}$/（$mg \cdot kg^{-1}$）		

试样中硒含量计算公式：$X=\dfrac{(\rho-\rho_0)\times V}{m\times 1\,000}$

结果保留 2 位有效数字，当结果≥ 1 mg/kg 时，保留 3 位有效数字

精密度要求	相对相差≤ 20%	实际精密度		精密度判定	□符合　□不符合
备注	标准曲线见仪器打印原始记录。仪器谱图共　　页				
检测人		校核人		审核人	
日期		日期		日期	

评价反思

考核评价表见表 5-20。

表 5-20 考核评价表

姓名： 学号：

考核内容	评分标准	配分	得分
团队合作	善于沟通，积极与他人合作	40	
数据处理	相关系数 $r \geq 0.9998$ 得 40 分； $0.9998 > r \geq 0.9995$ 得 30 分； $0.9995 > r \geq 0.9990$ 得 20 分； $r < 0.999$ 不得分	40	
	有效数字正确，结果准确，记录规范	20	
总分		100	

仪器维护

1. 注意事项

二维码 5-14
注意事项

由于氢化物－原子荧光光谱法主要应用于痕量与超痕量分析，所以被测元素具有很高的分析灵敏度，因此在分析过程对试剂、还原剂等都要求很高（表 5-21）。

表 5-21 原子荧光光谱仪的实验要求

项目	实验要求
酸类纯度	应使用优质纯盐酸，并将待使用的盐酸按载流空白的酸度在仪器上进行测试，检查其空白值的高低，以确定盐酸的质量
还原剂	（1）使用试剂纯度一般要求含量≥ 95%。 （2）配制的硼氢化钾（或硼氢化钠）溶液中必须含有一定量的氢氧化钾（或氢氧化钠），以保证溶液的稳定性。 （3）还原剂的浓度为 0.2% ～ 1%。 （4）配制后的还原剂溶液应避免阳光照射，引起还原剂产生较多气泡，影响测定的精度。 （5）所使用的溶液宜现用现配，不要使用隔天剩余的还原液
实验用水	在分析中最好采用一级水，在 25 ℃时，其电阻率≥ 18 mΩ/cm
容器清洗	分析过程使用的锥形瓶、容量瓶等玻璃器皿必须严格清洗。 清洗方法：将使用过的器皿在（1+4）HNO_3 溶液中浸泡 24 h，或用热 HNO_3 荡洗后，再用去离子水洗净。对于新器皿，应做相应的空白检查后才能使用

2. 故障及排查（表 5–22）

表 5–22　原子荧光光谱仪常见故障及排查

常见故障现象	可能原因	排除方法
无荧光信号	（1）系统问题。 （2）泵管压块松紧不适。 （3）软管漏气。 （4）酸度或还原剂浓度低。 （5）元素灯未亮	（1）检测是否为系统问题，可以用棒状物放在炉芯上方看能量有无变化。 （2）检查泵管压块，是否有松紧不适、不能进液现象。 （3）检查软管是否漏气，若漏气，则进行更换。 （4）若酸度或还原剂浓度过低，则需重新配制较高浓度。 （5）若元素灯未亮，则需要检查是否更换新灯
荧光信号弱	（1）炉丝老化。 （2）炉芯位置不对。 （3）流量和试剂浓度问题。 （4）屏蔽气与载气混合。 （5）元素灯强度过低。 （6）透镜腐蚀	（1）若炉丝老化，则需更换。 （2）调节炉芯位置。 （3）重新调整载气流量，并重新配制符合要求的试剂浓度。 （4）重新连接屏蔽气与载气。 （5）加大负高压，增强元素灯强度。 （6）更换透镜
荧光信号不稳定	（1）管路漏气。 （2）泵管压块松紧不适当。 （3）废液排出不顺畅。 （4）排风不稳	（1）若是管路漏气，检查炉芯、器皿、管道是否严重污染，元素灯是否稳定，是否受外部强光干扰。 （2）若泵管压块松紧不适当，导致进液量不稳，则应检查试剂纯度是否符合要求，查看管道是否弯折。 （3）若废液排出不顺畅，则查看泵管是否老化，考虑更换。 （4）排风不稳易导致火焰不稳，需修整排风
荧光空白信号高	（1）仪器自身问题。 （2）环境污染	（1）此现象常在测汞元素时发生，应检查仪器自身，逐一排查。 （2）可断开二次气液分离器与原子化器之间软管测静态荧光信号，如果偏高，则是环境污染

二维码 5–15
故障排查

巩固习题

1. 关于结果计算，下列说法正确的是（　　）。

A. 富硒稻谷中硒的来源是通过生长过程自然富集而非收获后添加

B. 运算结果遵循国家标准《食品安全国家标准食品中硒的测定》(GB 5009.93—2017)，一律保留两位有效数字

C. 原子荧光法测硒的精密度要求在重复性条件下获得的两次独立测定结果的绝对差值不得超过算术平均值的10%

2. 用原子荧光光谱仪进行测定时没有荧光信号，下列哪项不是故障的可能原因。(　　)

A. 空心阴极灯故障

B. 进样系统工作不正常

C. 气源压力不足

3. 原子荧光测量过程中测量信号不稳定，精密度差的可能原因有(　　)。(多选)

A. 空心阴极灯稳定性不好或产生漂移

B. 气路系统出现泄露或局部堵塞

C. 进样系统故障

二维码 5-16
习题参考答案

小组讨论

1. 通过项目学习，谈谈原子荧光光谱法和原子吸收光谱法有哪些相同点和不同点?

2. 查找资料并讨论哪些检测方法可以同时检测多种元素。

延伸阅读

原子荧光光谱分析发展史

1964 年，Winefordner 等首先提出用原子荧光光谱（AFS）作为分析方法的概念。1969 年，Holak 研究出氢化物气体分离技术并用于原子吸收光谱法测定砷。1974 年，Tsujiu 等将原子荧光光谱和氢化物气体分离技术相结合，提出了气体分离——非色散原子荧光光谱测定砷的方法，这种联合技术也是现代常用氢化物发生—原子荧光光谱分析的基础架构。

20 世纪 70 年代末，以郭小伟为首的我国科技工作者针对当时原子荧光光谱分析的缺陷，对原子荧光光谱仪器和测试技术方法进行了卓有成效的开发和研究，发明了高强度空心阴极灯、小火焰原子化、自动低温点火装置等许多专利技术；研制出多通道、氢化物与火焰原子化一体和六价铬检测等多种原子荧光光谱仪；研究出铅、锌、铬和镉的新化学蒸气发生体系及专用试剂，以及碘、钼间接测定方法，将原子荧光光谱分析推向实际应用前沿。20 世纪 80 年代初，我国地质部门大规模开展化探扫面工作，对原子荧光光谱分析发展起到了催化促进作用，原子荧光光谱分析技术率先在地质系统应用，为顺利完成化探普查工作做出了重要贡献。

原子荧光光谱分析法具有很高的灵敏度，校正曲线的线性范围宽，能进行多元素同时测定。这些优点使它在地质、冶金、农业、生物医学、材料科学、环境科学等各个领域内获得了相当广泛的应用。

项目 6　气相色谱法检测蔬菜中有机磷农药含量

案例分析

某市市场监管局组织食品安全监督抽检，该市某蔬菜摊位销售的芹菜检测出敌敌畏的残留量为 1.52 mg/kg，标准限量为 0.1 mg/kg，不符合《食品安全国家标准 食品中农药最大残留限量》(GB 2763—2021）的规定。

请对下列问题进行回答和分析。

1. 什么是有机磷农药？常见的有机磷农药有哪些？
2. 什么是农药最大残留限量？

农药残留相关标准

《食品安全国家标准 食品中农药最大残留限量》(GB 2763—2021）规定：

百草枯最大残留限量：蔬菜 0.05 mg/kg，柑、橘、橙 0.2 mg/kg，苹果类水果 0.05 mg/kg，核果类、浆果类水果 0.01 mg/kg。

敌敌畏最大残留限量：花椰菜、青花菜、芥蓝 0.1 mg/kg，菠菜、大白菜、萝卜、胡萝卜 0.5 mg/kg。

毒死蜱最大残留限量：水生类、芽菜类、茄果类、瓜类 0.02 mg/kg，芹菜、芦笋 0.05 mg/kg，食荚豌豆 0.01 mg/kg。

甲拌磷最大残留限量：新鲜蔬菜、水果 0.01 mg/kg，干制蔬菜 0.01 mg/kg。

项目分析

有机磷农药是指利用磷元素等制成的有机化合物，如甲拌磷、乐果、敌敌畏、马拉硫磷、甲基对硫磷及甲胺磷等。农药的广泛使用对农作物、土壤、水源和空气等环境问题带来了不利的影响，如果人体长期摄入含有超标农药的蔬菜，会对人体健康造成严重威胁。本项目根据《蔬菜和水果中有机磷、有机氯、拟除虫菊酯和氨基甲酸酯类农药多残留的测定》（NY/T 761—2008），检测黄瓜中的敌敌畏含量。

二维码 6-1
农药概述

技能基础1 气相色谱仪结构及基本操作技术

学习要求

1. 能够理解气相色谱法原理、色谱分析中常用术语和参数。
2. 能够指出气相色谱仪的主要部件名称、位置及其作用。重点
3. 能够掌握气相色谱仪的基本操作方法。重点
4. 能够保持严谨、求实务真的实验态度。

学习导引

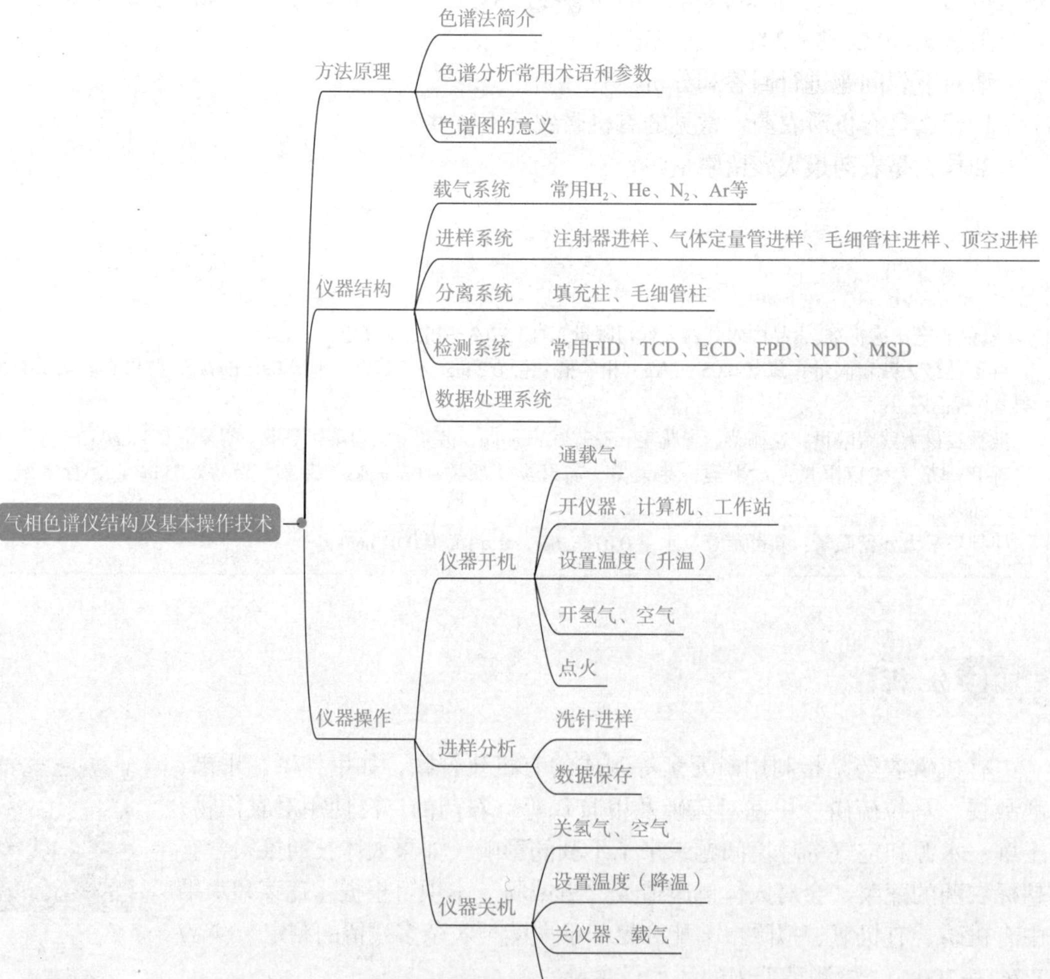

方法原理

1. 色谱法简介

色谱法又称层析法或色层法，是一种利用物质的溶解性、吸附性等特性的物理化学分离方法。其分离原理是根据混合物的各组分在互不相溶的两相（称为固定相和流动相）作用的差异作为分离依据的。固定相是指色谱柱内不移动的、起分离作用的物质；流动相是指在色谱柱中用以携带试样和洗脱组分的气体或液体。

色谱法按流动相和固定相的状态可分为气相色谱、液相色谱、薄层色谱、凝胶色谱、超临界流体色谱等。色谱仪按使用领域不同可分为分析用色谱仪、制备用色谱仪、流程色谱仪等。

气相色谱法也称气体色谱法或气相层析法，是用气体作为流动相的色谱法，用于测定能汽化或能转化为气体的物质或化合物。分离的主要依据是利用各组成成分在色谱柱中固相和气相分配系数的不同来达到样品的分离。进入气相色谱仪的试样在汽化后随载气进入色谱柱中运行，组成成分就会在其中的两相间反复多次分配，因为各组成成分的吸附和溶解能力不同，所以各组成成分在色谱柱的运行速度也就不同，经过一定的柱长后，便会彼此分离，按照顺序离开色谱柱进入检测器，各组成成分产生的离子流讯号经过放大，在记录器上显示出各组成成分的色谱峰。

气相色谱法按固定相状态可分为气固色谱和气液色谱。气固色谱是以气体为流动相，用固体吸附剂作为固定相；气液色谱是以气体为流动相，使用涂渍于载体表面或毛细管壁上的液体（又称固定液）作为固定相。

2. 色谱分析常用术语和参数

如图 6–1 所示为单一组分的色谱，对照表 6–1 了解色谱中有关术语参数及具体内容。

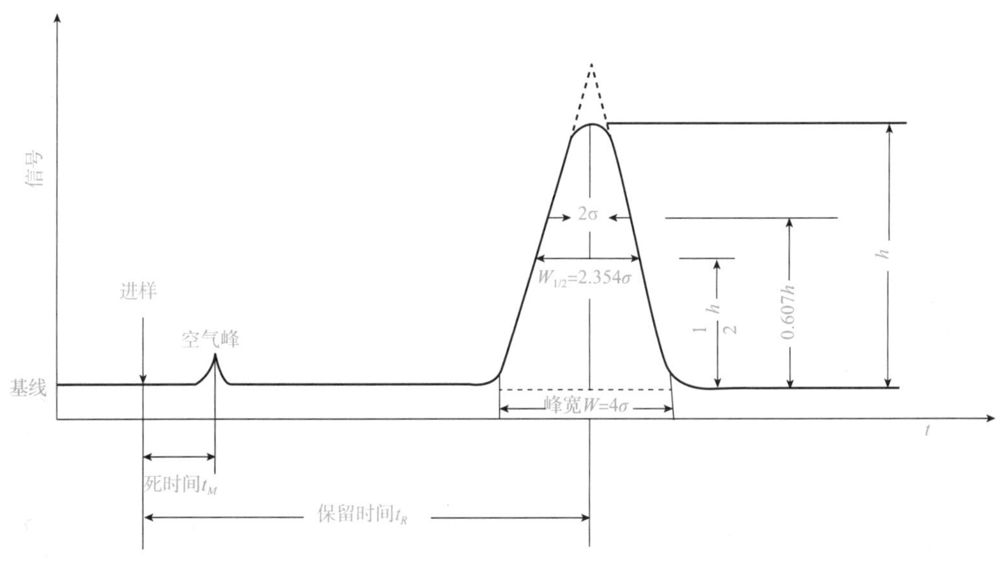

图 6–1　单一组分的色谱图

表 6-1　色谱分析中常用术语和参数

术语和参数	含义
色谱图	从载气带着组分进入色谱柱起，就用检测器检测流出柱后的气体，并用记录器记录信号随时间变化的曲线图
色谱峰	当待测组分流出色谱柱时，检测器就可检测到其组分的浓度，在流出曲线上表现为峰状
基线	正常操作条件下，仅有载气进入检测器时所产生的相应信号。在稳定的条件下应是一条水平的直线，平直与否可反映出实验条件的稳定情况
峰高（H）	色谱峰顶点与基线的距离
峰面积（A）	色谱峰与峰底基线所围成区域的面积
死时间（t_M）	不被固定相吸附的流动相通过色谱柱的时间
保留时间（t_R）	试样从进样到出现峰极大值时的时间
区域宽度	用于衡量色谱柱的柱效及反映色谱操作条件下的动力学因素。宽度越窄，其效率越高，分离的效果也越好。通常有三种表示方法，即峰底宽、标准偏差、半峰宽
峰底宽（W）	色谱峰两侧拐点上切线与基线的交点间的距离：$W=4\sigma$
标准偏差（σ）	峰高 0.607 倍处峰宽处的一半：$\sigma=1/2W_{0.607}$
半峰宽（$W_{1/2}$）	峰高一半处的峰宽：$W_{1/2}=2.354\sigma$
基线噪声（N）	由于各种因素使基线短时间发生波动的信号值，单位 mV 或 mA
响应值（R）	组分通过检测器所产生信号的量
灵敏度（S）	通过检测器的物质量变化 ΔQ 时响应信号量 R 的变化率。ΔR 的单位为 mV，S 单位随 ΔQ 的单位取值而变化：$S=\Delta R/\Delta Q$
信噪比	响应信号与噪声的比值
检测限（D）	随单位体积流动相或单位时间内进入检测器的组分所产生的信号等于基线噪声 2 倍时的量：$D=2N/S$

3. 色谱图的意义

色谱峰数 = 样品中单组分的最少个数

色谱保留值是定性依据；色谱峰高或面积是定量依据；色谱保留值或区域宽度是色谱柱分离效能评价指标；色谱峰间距是固定相或流动相选择是否合适的依据。

仪器结构

二维码 6-2
气相色谱仪结构

气相色谱仪是实现气相色谱过程的仪器。其基本结构主要由载气系统、进样系统、分离系统（色谱柱）、检测系统及数据处理系统构成（图 6-2）。

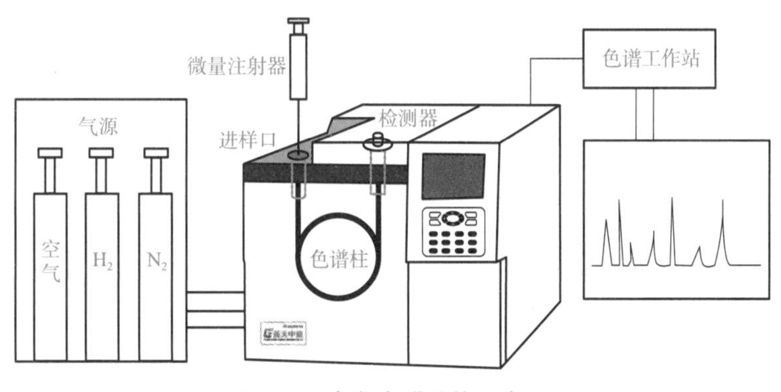

图 6-2　气相色谱结构示意图

1. 载气系统

载气系统是一个载气连续运行的密闭管路系统，包括气源、气体净化器、气路控制系统。气路控制系统的作用就是将载气及辅助气进行稳压、稳流及净化，以满足气相色谱分析的要求。载气是气相色谱过程的流动相，原则上只要没有腐蚀性，且不干扰样品分析的气体都可以作为载气，常用的有 H_2、He、N_2、Ar 等。

在实际应用中，载气的选择主要是根据检测器的特性来决定的，同时，考虑色谱柱的分离效能和分析时间。载气的纯度、流速对色谱柱的分离效能、检测器的灵敏度均有很大的影响。载气一般用钢瓶（图 6-3）提供，如果是氮气也可用高纯氮气发生器（图 6-4）提供。

图 6-3　氮气钢瓶

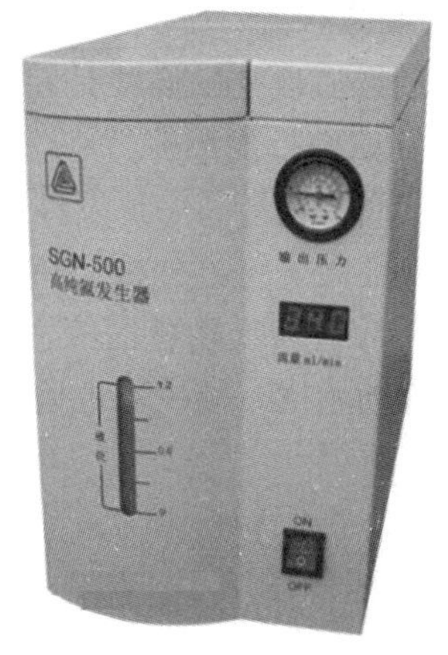

图 6-4　氮气发生器

2. 进样系统

进样系统包括进样器和汽化室，它的功能是引入试样，并使试样瞬间汽化。常用的进样方法有气体定量管进样、毛细管柱进样法、注射器进样、顶空进样等。

（1）气体定量管进样。气体样品可以用平面六通阀进样，进样量由定量管控制，进样量的重复性可达到 0.5%。定量管可根据需要选用 0.5 mL、1 mL、3 mL、5 mL 等数种。六通阀由阀盖和阀座组成，两者由弹簧压紧以保证气密性。如图 6–5 所示，在采样位置时，可使气样进入定量管；当阀盖转动 60° 达到进样位置时，载气就将定量管的样品带入色谱柱。

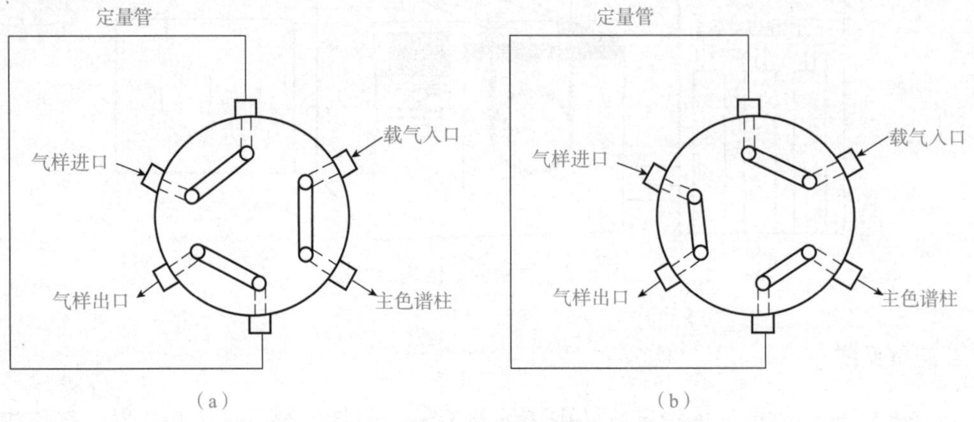

图 6–5　平面六通阀结构、取样和进样位置

（a）采样位置；（b）进样位置

（2）毛细管柱进样。在毛细管柱气相色谱中，由于毛细管柱样品容量很小，一般采用分流进样器，进样量比较多，样品汽化后只有一小部分被载气带入色谱柱，大部分被放空。

（3）注射器进样（图 6–6）。液体样品可用微量注射器进样，在使用时，注意进样量与所选用的注射器相匹配，最好是在注射器最大容量下使用。此法优点是使用灵活方便，但进样量重复性不佳。工业流程色谱分析和大批量样品的常规分析上常用自动进样器，重复性很好。

（4）顶空进样。顶空进样法是将待测样品置入一密闭的容器中，通过加热升温使挥发性组分从样品基体中挥发出来，在气液（或气固）两相中达到平衡，直接抽取顶部气体进行色谱分析，从而检验样品中挥发性组分的成分和含量。常用仪器为顶空进样器（图 6–7），本法适用于挥发性大的组分分析。相对于直接进样法而言，它是利用被测样品加热平衡后，取其挥发气体部分进入气相色谱仪，由此可以免除冗长烦琐的样品前处理过程，避免有机溶剂对分析造成的干扰，减少对色谱柱及进样口的污染，也便于自动化。

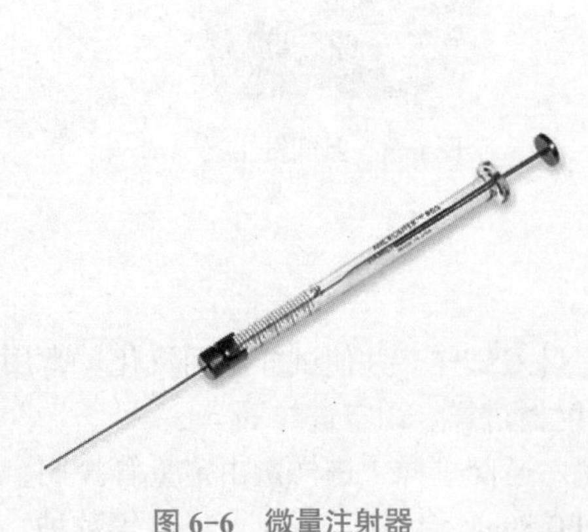

图 6–6　微量注射器

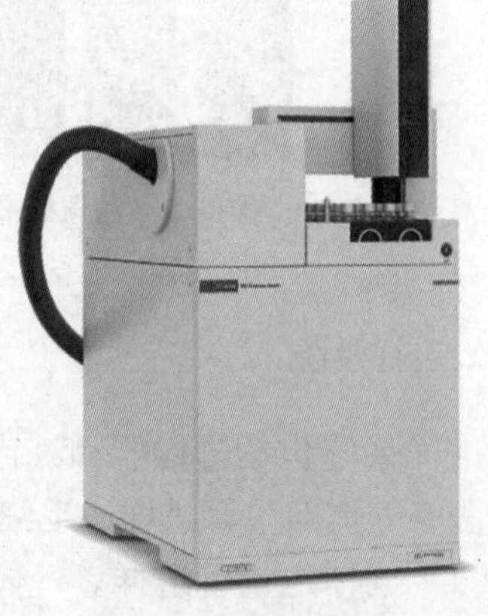

图 6–7　顶空进样器

3. 分离系统

分离系统主要由色谱柱组成，是气相色谱仪的心脏，它的功能是使试样在柱内运行的同时得到分离。色谱柱基本有填充柱（图 6-8）和毛细管柱（图 6-9）两类。填充柱是将固定相填充在金属或玻璃管中（常用内径为 4 mm）；毛细管柱是用熔融二氧化硅拉制的空心管，也称弹性石英毛细管。柱内径通常为 0.1 ～ 0.5 mm，柱长为 30 ～ 50 m，绕成直径为 20 cm 左右的环状。用这样的以毛细管作为分离柱的气相色谱称为毛细管气相色谱或开管柱气相色谱，其分离效率比填充柱要高得多。

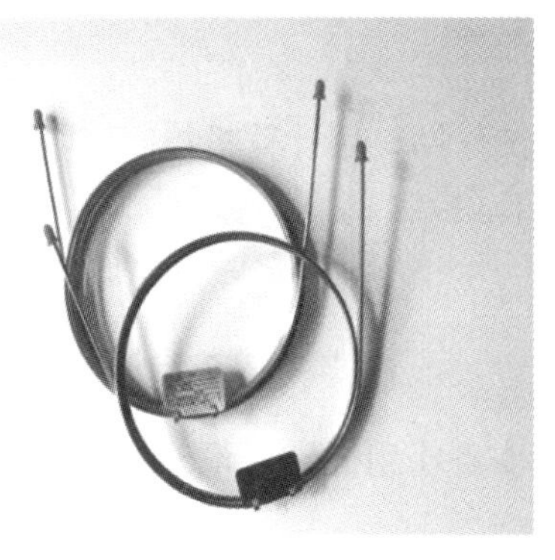
图 6-8　填充柱

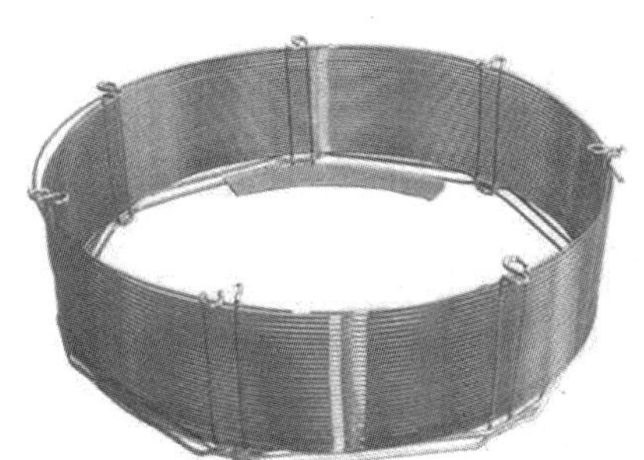
图 6-9　毛细管柱

4. 检测系统

检测器系统功能是将柱后已被分离的组分的信息转变为便于记录的电信号，然后对各组分的组成和含量进行鉴定与测量，是色谱仪的眼睛。常用的有氢火焰离子化检测器（FID）、热导检测器（TCD）、电子捕获检测器（ECD）、火焰光度检测器（FPD）、氮磷检测器（NPD）、质谱检测器（MSD），具体见表 6-2。

表 6-2　气相常用检测器及应用范围

检测器名称	应用范围
氢火焰离子化检测器（FID）	气相色谱中最常用的检测器。对含有碳原子的化合物敏感度高，可检测分析除甲醛、甲酸外的所有有机化合物，在挥发性、烃类有机化合物检测方面优势明显
热导检测器（TCD）	对所有的物质都有响应，是目前应用最广泛的通用型检测器
电子捕获检测器（ECD）	对含卤素、硫、氧、羰基、氨基等的化合物有很高的响应。已广泛应用于有机氯农药残留量、金属配合物、金属有机多卤或多硫化合物等的分析测定
火焰光度检测器（FPD）	对含硫和含磷的化合物有比较高的灵敏度选择性，用于有机磷、硫化物的微量分析
氮磷检测器（NPD）	用于有机磷、含氮化合物的微量分析。目前已成为测定含氮化合物最理想的气相色谱检测器，对含磷化合物的灵敏度也高于 FPD

续表

检测器名称	应用范围
质谱检测器（MSD）	一种通用型检测器，具有灵敏度较高、选择性较好、检测范围大等优点，可对物质进行定性与定量分析，可提供化合物分子量与结构信息。质谱检测器是最早与气相色谱仪（GC）联用的检测器，产品为气相色谱质谱联用仪（GC-MS），将质谱检测器的结构分析能力与气相色谱仪的高分离能力相结合，是化合物结构分析、定性分析最有效的工具之一

5. 数据处理系统

目前，数据处理系统多采用配备操作软件包的工作站，用计算机控制，既可以对色谱数据进行自动处理，又可以对色谱系统的参数进行自动控制。

实训任务

以普析 GC1100 气相色谱仪（FID 检测器）为例。各小组同学讨论并指出各结构部件在仪器中的可能位置，并练习仪器基本操作。

1. 仪器开机

> **安全小贴士**
> 使用前一定要检查气路的密闭性，以防止发生爆炸危险。

（1）首先打开氮气钢瓶总阀（分表压力为 0.4 MPa）。

（2）调节载气柱前压，要保证柱前压力表 0.1 MPa。

（3）待气体打开 15 min 后打开色谱仪电源开关。

（4）打开计算机、色谱工作站软件。

（5）设置汽化室温度（220 ℃）、柱温（200 ℃）、检测器温度（250 ℃）。

（6）待各个温度稳定之后，打开氢气调节阀调至 0.3 MPa，打开空气的调节阀调至 0.4 MPa。

（7）点火，按点火键 4 ～ 5 s 后会听到爆鸣声，工作站上的基线会有波动，则证明已点着火。

（8）待基线稳定后，进样分析。

2. 进样分析

用丙酮润洗微量注射器 3 次，再用标准溶液润洗微量注射器 3 次，取标准溶液注入色谱仪进样分析，记录峰面积。

3. 仪器关机

（1）关闭氢气。

（2）关闭空气。

（3）设置汽化室、柱温和检测器温度为 50 ℃，进行仪器降温。

（4）待仪器柱温降到室温，进样口与检测器温度要降到 40 ℃ 以下，关闭色谱电源开关。

（5）关闭氮气钢瓶总阀。

（6）填写仪器使用记录。

巩固习题

1. 完成表 6-3 的填写。

表 6-3　气相色谱仪基本构成

组成部件	作用	主要类型
	提供满足气相色谱分析要求的载气	
	引入试样，并使试样瞬间汽化	
	分离组分	
	组分信息转变电信号	
	色谱数据进行自动处理	

2. 气相色谱常用的载气有（　　）。（多选）
   A. 氢气　　B. 氮气　　C. 氦气

3. 气相色谱检测器中，几乎对所有物质都有响应的检测器是（　　）。
   A. 氢火焰离子化检测器（FID）　　B. 热导检测器（TCD）
   C. 电子捕获检测器（ECD）

4. 对含卤素、硫、氧、羰基、氨基等的化合物有很高的响应检测器是（　　）。
   A. 氢火焰离子化检测器（FID）　　B. 热导检测器（TCD）
   C. 电子捕获检测器（ECD）

5. 对含磷、含硫化合物有高选择型、高灵敏度的气相色谱检测器是（　　）。
   A. 氢火焰离子化检测器（FID）　　B. 热导检测器（TCD）
   C. 火焰光度检测器（FPD）

6. 气相色谱仪中，高灵敏度且通用，不仅可以测含量还可用于结构确证的检测器是（　　）。
   A. 氢火焰离子化检测器（FID）
   B. 电子捕获检测器（ECD）
   C. 质谱检测器（MSD）

二维码 6-3
习题参考答案

项目 6

小组讨论

1. 什么是固定相？什么是流动相？
2. 如何正确使用微量注射器吸取样品？

技能基础 2　气相色谱法定性与定量分析

学习要求

1. 能够学会操作气相色谱仪，并进行正确的定性定量分析。重点
2. 能够对未知溶液浓度进行比较法定量计算。难点
3. 能够保持细致耐心、严谨的实验态度和团队合作精神。

学习导引

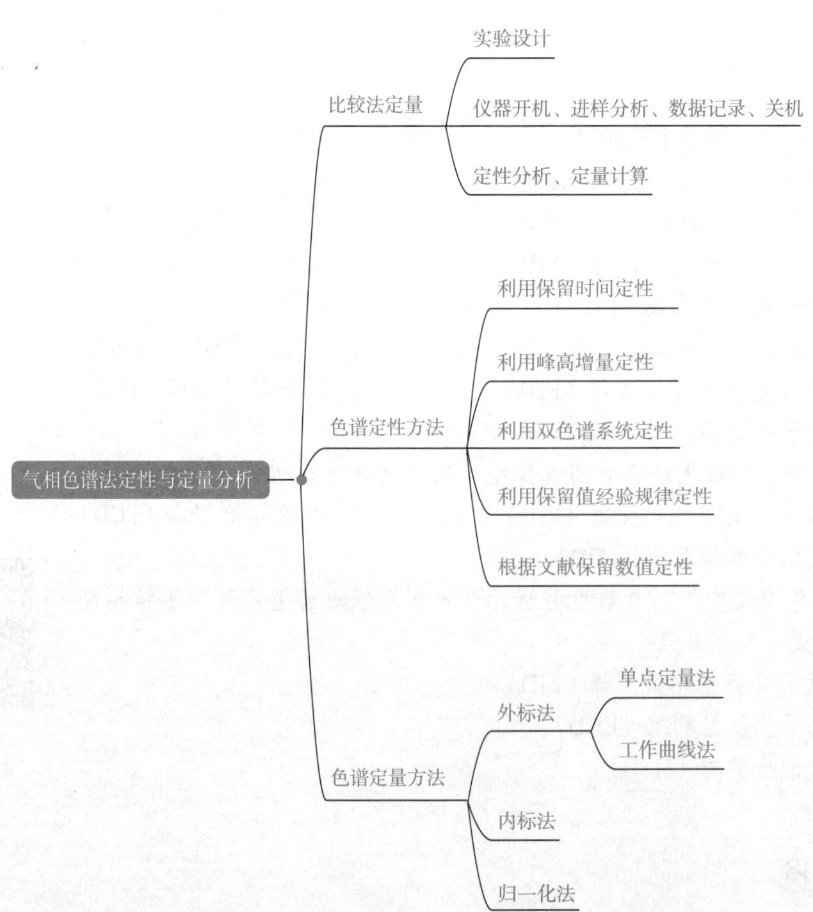

实训任务

本任务采用比较法进行定量，在同一测定条件下，标准溶液进样分析测定已知浓度的标准溶液 C_s 的峰面积 A_s，再用试样溶液进样分析，根据试样溶液中各组分的保留时间，确定待测组分的峰面积 A_i，计算待测组分的浓度 C_i。

1. 实验设计（表 6–4）

表 6–4　实验设计

管号＼数据	浓度 /（$\mu g \cdot mL^{-1}$）	进样量 / μL
1 号（农药标准品）	0.50	1.00
2 号（样品溶液，多组分）	待测	1.00

2. 操作步骤

> **安全小贴士**
> 操作戴手套；小心使用注射器；取样量要准确，抽取样品的速度要重现，以保证进样的重现性；要避免在注射器中形成气泡。

（1）仪器开机。

（2）进样分析。

①用丙酮润洗微量注射器 3 次，再用标准溶液润洗微量注射器 3 次，取 1.00 μL 标准溶液注入色谱仪进样分析，记录峰面积。

②用丙酮润洗微量注射器 3 次，再用试样溶液润洗微量注射器 3 次，取 1.00 μL 试样溶液注入色谱仪进样分析，记录峰面积。

（3）仪器关机。

3. 定性分析（表 6–5）

表 6–5　定性分析

管号＼数据	保留时间 / min	峰面积
1 号（农药标准品）		
2 号（样品溶液）		

4. 定量计算

计算待测组分的浓度 C_i。

$$C_i = \frac{A_i C_s}{A_s} \tag{6-1}$$

评价反思

考核评价表见表 6–6。

表 6–6　考核评价表　　姓名：　　学号：

考核内容	考核技能点	配分	得分
开机	通载气	5	
	打开仪器	5	
	打开计算机、色谱工作站	5	
开机	设置温度（升温）	5	
	开氢气、空气	5	
	点火	5	
进样	进样方法正确	5	
关机	设置温度（降温）	5	
	关氢气、空气	5	
	关仪器	5	
	关载气	5	
	关计算机	5	
	关总电源	5	
数据处理	计算公式、结果正确	10	
文明操作	不浪费耗材，无器皿破损	5	
整理	仪器整理，实验台清理	5	
技巧	操作熟练度	5	
团队合作	善于沟通，积极与他人合作	5	
数据处理	计算正确，结果填写规范、无涂改	5	
总分		100	

色谱法定性与定量

1. 色谱法定性

（1）利用保留时间定性。在同一色谱条件下，分别测定样品中各组分和已知纯物质的保留时间，样品中某组分的保留时间与已知纯物质的保留时间相同者可能是同一物质。利用保留时间定性，要严格控制色谱条件和进样量。

（2）利用峰高增量定性。将已知纯样加入待测定样品中再分析一次，然后与原来的待测样品色谱图进行比较。若前者的色谱峰增高，可认为样品中含有与纯样相同的化合物。当进样量很低时，如果峰不重合、峰中出现转折或半峰宽变宽，一般可肯定样品中不含与纯样相同的化合物。当未知样品中组分较多，色谱峰过密不易辨认时，可用此法。

（3）利用双色谱系统定性。在两个极性完全不同的色谱柱上，测定已知纯样和待测样品的保留值，如果都相同，可较准确地判断样品中含有与纯样相同的化合物。双柱法比单柱法更为可靠，因为有些不同的化合物会在某一固定相上表现出相同的色谱性质。

（4）利用保留值经验规律定性。

①碳数规律：在一定温度下，同系物的调整保留时间的对数与分子中的碳原子数成线性关系，即

$$\lg t_r' = A_1 n + C_1$$

式中，A_1 和 C_1 均为常数，n 为分子中的碳原子数（$n \geqslant 3$）。

根据某一同系物中两个或更多已知组分的调整保留时间的对数值，可求得同系物中其他组分的调整保留时间。

②沸点规律：同族中具有相同碳数碳链的异构体化合物，其调整保留时间的对数和它们的沸点成线性关系，即

$$\lg t_r' = A_2 T_b + C_2$$

式中，A_2 和 C_2 均为常数，T_b 为组分的沸点（K）。

根据同族同碳数碳链异构体中两个或更多已知组分的调整保留时间的对数值，可求得同族中具有相同碳数的其他异构体的调整保留时间。

（5）根据文献保留数值定性。

①相对保留值定性法。用组分 i 与标准物质 s 的相对保留值 r_{is} 作为定性指标，对未知组分 i 定性的方法称为相对保留值定性法。

在利用保留值定性时，必须使两次分析条件完全一致，有时不易做到。有时利用相对保留值定性比利用保留值定性更方便、更可靠。相对保留值只与两组分的分配系数有关，不受其他操作条件影响，只要固定相性质和柱温确定，相对保留值是一个定值。测定时，有关文献提供的组分 i 与某标准物质 s 的相对保留值 r_{is} 可作为初步定性依据。

②利用保留指数定性。将正构烷烃作为标准，规定其保留指数为分子中碳原子个数的100倍。待测物质的保留指数是与待测物质具有相同调整保留值的假想的正构烷烃碳原子个数的100倍。通常以色谱图上位于待测物质两侧的相邻正构烷烃的保留值为基准，用对数内插法求得。保留指数定性是国际公认的GC定性方法，使用广泛，具有重现性好、标准物统一和温度系数小等特点。

2. 色谱法定量

（1）定量依据。色谱分析中，在一定色谱操作条件下，进入检测器的组分 i 的质量 m_i 或浓度与检测器的响应信号（色谱峰的峰高或峰面积 A_i）成正比，即

$$m_i=f_iA_i$$

式中　f_i——校正因子。

①峰面积 A 的测定。色谱工作站可直接给出峰面积的数值，为使峰面积测量更准确，可根据实际峰形调整积分参数（半峰宽、峰高和最小峰面积等）和基线。

②校正因子 f 的测定。校正因子是一个与色谱操作条件有关的参数，大小取决于仪器灵敏度，分为绝对校正因子 f_i 和相对校正因子 f_i'。绝对校正因子表示单位峰面积或单位峰高所代表的物质的质量，$f_i=m_i/A_i$。由于准确测量绝对校正因子会有一定困难，因此实际应用时多采用相对校正因子。相对校正因子是指组分 i 与另一标准物质 s 的绝对校正因子之比，用 f_i' 表示。

$$f_i'=\frac{f_i}{f_s}=\frac{m_i/A_i}{m_s/A_s}=\frac{m_iA_s}{m_sA_i}$$

（2）定量方法。气相色谱中常用的定量方法有外标法、内标法、归一化法等。表 6–7 列出了常用气相色谱定量方法的定义和计算方法以及方法的优缺点。

表 6–7　气相色谱定量方法

项目	外标法	内标法	归一化法
定义	相同操作条件下，分别将等量的试样和含待测组分的标准试样进行色谱分析，比较试样与标准试样中待测组分的峰值，求出待测组分含量的方法，分为单点校正法和标准曲线法	在已知量的试样中加入能与所有组分完全分离的已知量的内标物质，用相应的校正因子校准待测组分的峰值，并与内标物质的峰值进行比较，求出待测组分含量的方法	试样中全部组分都显示出色谱峰时，测量的全部峰值经相应的校正因子校准并归一后，计算各组分含量的方法
计算公式	$\omega_i=\omega_s\frac{A_i}{A_s}\times100\%$ 式中，ω_s 为标准试样中组分 i 的含量；A_s 为标准试样中组分 i 的峰面积；A_i 为试样中组分 i 的峰面积	$\omega_i=\frac{m_sA_if_i'}{mA_s}\times100\%$ 式中，m_s、A_s 为内标物质的质量和峰面积；m 为样品质量；A_i 为组分 i 的峰面积；f_i' 为组分 i 对内标物质 s 的校正因子	$\omega_i=\frac{f_i'A_i}{\sum_{i=1}^{n}f_i'A_i}\times100\%$ 式中，f_i' 为 i 组分的相对校正因子；A_i 为 i 组分的峰面积
适用范围	1. 作批量样品检测时尤其适合此法，常用于日常分析。 2. 分析条件需稳定，只需所测组分出峰	1. 微量组分精确测定。 2. 必须有内标物质，要求内标及所测组分出峰，内标物峰宜与被测峰靠近，量也接近	1. 要求测定样品中的所有组分时用此法。 2. 样品中各组分都出峰，各峰均定性
优点及缺点	1. 不必求校正因子，不必另选标准物。 2. 标样、试样的进样量必须准确、相等；操作条件必须稳定	1. 方法准确，进样量不必准确，操作条件变化对结果无影响。 2. 必须在所有样品中加入内标物，每次测定必须称量；内标物的称量要准确，操作较复杂；需用标准物质测量相对校正因子	1. 方法准确，进样量不必准确，操作条件变化时对结果影响很小；多组分分析时较内标法和外标法方便。 2. 所有组分必须都出峰，完全分离，均有响应；校正因子测定比较麻烦

巩固习题

1. 气相色谱的基线是检测器对（　　）的响应信号。

A. 载气　　B. 水　　C. 流动相

2. 在色谱法中（　　）是定性分析的依据。

A. 拖尾因子　　B. 保留时间　　C. 峰面积

3. 在色谱法中（　　）是定量分析的依据。

A. 拖尾因子　　B. 保留时间　　C. 峰面积

4. 将纯苯与组分 1 配成混合液，进行气相色谱分析，测得当纯苯注入量为 0.435 μg 时的峰面积为 4.00，组分 1 注入量为 0.653 μg 时的峰面积为 6.50，求组分 1 以纯苯为标准时，相对校正因子（　　）。

A. 0.924　　B. 0.462　　C. 0.410

5. 气相色谱分析时，当样品中各组分不能全部出峰或在多种组分中只需定量其中某几个组分时，宜选用（　　）。

A. 归一化法　　B. 外标法　　C. 内标法

二维码 6-4
习题参考答案

任务1　有机磷农药的提取和净化

任务要求

1. 能够结合《蔬菜和水果有机磷、有机氯、拟除虫菊酯和氨基甲酸酯类农药多残留的测定》(NY/T 761—2008）按需准备实验试剂。重点

2. 能够学会有机磷农药残留测定的提取和净化流程，理解操作细节。难点

3. 能够保持耐心细致的实验态度和实验节约、安全意识。

任务导引

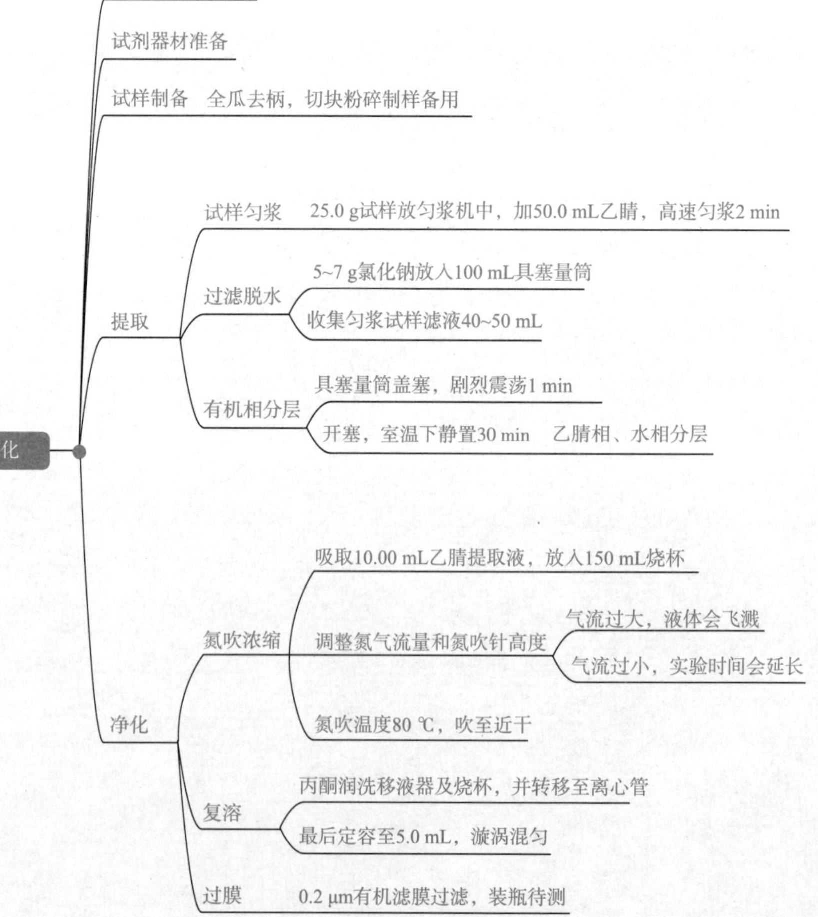

方法原理

1. 检验方法和指标（表 6–8）

表 6–8　黄瓜中敌敌畏残留检测方法和指标

食品类别	依据标准	指标要求	检测方法
黄瓜	GB 2763—2021	≤ 0.2 mg/kg	NY/T 761—2008 第 1 部分方法二

二维码 6–5
敌敌畏检验依据及限量标准

2. 检验原理

试样中有机磷类农药用乙腈提取，提取溶液经过滤、浓缩后，用丙酮定容，注入气相色谱仪，农药组分经毛细管柱分离，用火焰光度检测器（FPD 磷滤光片）检测。保留时间定性、外标法定量。

二维码 6–6
NY/T 761—2008

任务实施

1. 准备实验器材（表 6–9）

表 6–9　实验器材按需配备

器材名称	数量	器材名称	数量	器材名称	数量	器材名称	数量

2. 准备实验试剂（表 6–10）

表 6–10　实验试剂

试剂名称	数量	试剂名称	数量	试剂名称	数量	试剂名称	数量

项目 6

3. 提取净化操作

🛈 **安全小贴士**

氮吹仪要求安装在通风橱内平台上，保证通风良好。加热时不要移动氮吹仪，以防烫伤。

（1）试样制备。蔬菜、水果样品，取可食部分，将其切碎，充分混匀放入食品加工器粉碎，制成待测样。

（2）提取。准确称取 25.0 g 试样放入匀浆机中，加入 50.0 mL 乙腈，在匀浆机中高速匀浆 2 min 后用滤纸过滤，滤液收集到装有 5 ～ 7 g 氯化钠的 100 mL 具塞量筒中，收集滤液 40 ～ 50 mL，盖上塞子，剧烈震荡 1 min，在室温下静置 30 min，使乙相和水相分层。

二维码 6-7
有机磷农药提取

（3）净化。从具塞量筒中吸取 10.00 mL 乙腈溶液，放入 150 mL 烧杯中，将烧杯放在 80 ℃水浴锅上加热，杯内缓缓通入氮气或空气流，蒸发近干，加入 2.0 mL 丙酮，盖上铝箔，备用。

将上述备用液完全转移至 15 mL 刻度离心管中，再用约 3 mL 丙酮分三次冲洗烧杯，并转移至离心管，最后定容至 5.0 mL，在旋涡混合器上混匀，移入 2 mL 样品瓶中，供色谱测定。

如定容后的样品溶液过于混浊，应用 0.2 μm 滤膜过滤后再进行测定。

填写表 6-11，并对提取净化过程进行实验设计，要求思路清晰、图文并茂。

二维码 6-8
有机磷农药净化

表 6-11　有机磷农药提取净化流程

制备步骤		样 1	样 2	空白	操作目的
提取	组织捣碎、称样	g	g	—	试样均质处理
	加入乙腈、匀浆	mL 乙腈			农药提取
	过滤、脱水	g 氯化钠			脱水
	剧烈震荡（　　）min，在室温下静置（　　）min				有机相分层
净化	吸取（　　）mL 乙腈溶液，氮气吹干				试液浓缩
	加入（　　）mL 丙酮				农药复溶
	定容至（　　）mL，旋涡混合器上混匀				充分溶解
	用（　　）μm 滤膜过滤，移入 2 mL 样品瓶中				滤除颗粒物

评价反思

考核评价表见表 6–12。

表 6–12　考核评价表　　　　姓名：　　　　学号：

过程	考核内容	考核技能点	配分	得分
准备	学习态度	态度端正、自学充分，方案设计清晰	5	
	器皿编号	实验器皿正确编号	5	
提取	天平	检查水平，正确称量读数，保持整洁	5	
	移液管	握法、润洗、取样、读数准确熟练	10	
	匀浆	正确去皮、无污染，制样无颗粒	10	
	过滤	操作正确、无满出	10	
	震荡	手势正确，振荡充分，无漏液	5	
	静置分层	充分分层，界限清晰	5	
净化	取上清液	正确使用移液管，不污染上清液	5	
	氮吹	正确调节流量、温度，蒸发适度	5	
	定容	正确定容，正确使用移液管定容	5	
	漩涡混合	充分混匀，样品无溅出或渗出	5	
	针头过滤	过滤膜选择正确，过滤方法正确	5	
其他	技巧	操作熟练度	5	
	文明操作	不浪费试剂耗材，无器皿破损	5	
	整理	器皿洗涤，仪器整理，实验台清理	5	
	团队合作	善于沟通，积极与他人合作	5	
总分			100	

小组讨论

1. 氮吹的目的是什么？
2. 针头过滤滤膜的选择方法有哪些？

任务2 有机磷农药的上机分析

任务要求

1. 能够根据实验设计完成测量操作，理解操作细节。重点
2. 能够保持细致严谨的实验态度和实验安全意识。

任务导引

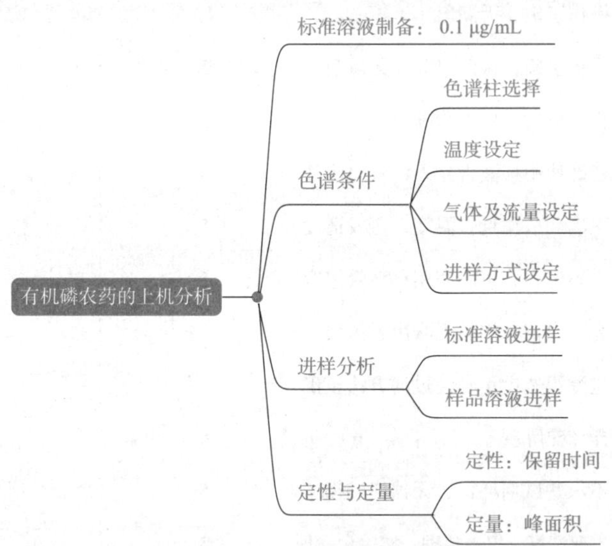

任务实施

安全小贴士

佩戴防护手套；注射样品所用时间及注射器在汽化室中停留的时间要进行合理把控，且每次注射的过程重现越好。

1. 农药标准溶液的制备

准确吸取敌敌畏标准品（1 000 μg/mL）1.00 mL注入100 mL容量瓶，用丙酮定容。再从定容后的溶液中准确吸取1.00 mL注入另一100 mL容量瓶，用丙酮定容，得到浓度为0.1 μg/mL的敌敌畏标准溶液。

2. 色谱参考条件

（1）色谱柱。预柱：1.0 m（0.53 mm内径、脱活石英毛细管柱）；色谱柱：50%聚苯基甲基硅氧烷（DB-17或HP-50+）柱，30 m × 0.53 mm × 1.0 μm。

（2）温度。进样口温度：220 ℃；检测器温度：250 ℃；柱温：150 ℃（保持2 min）$\xrightarrow{8\ ℃/\text{min}}$

250 ℃（保持 12 min）。

（3）气体及流量。载气：氮气，纯度≥ 99.999%，流速为 10 mL/min；燃气：氢气，纯度≥ 99.999%，流速为 75 mL/min；助燃气：空气，流速为 100 mL/min。

（4）进样方式。不分流进样。

上机检验流程参考见表 6–13。

二维码 6–9
有机磷农药上机检测

表 6–13　上机检验流程参考

序号	步骤	操作流程
1	打开气路	依次打开氮气（载气）、氮气（尾吹气）、空气和氢气（燃烧气）的钢瓶主阀，调整减压阀使氮气、氮气、空气输出压力为 0.5 MPa 左右，氢气输出压力为 0.2 MPa 左右
2	打开主机	通气 10 min 后，打开气相色谱仪主机
3	打开软件	打开计算机主机，打开联机软件
4	编辑方法	“进样器”设置选择“前进样器”；“进样量”为“1 μL”；洗针溶液为“溶液 A”；洗针次数为“3 次”
		“进样口”设置选择“前进样口”，勾选“加热器”，设置温度为“220 ℃”；勾选“隔垫吹扫流量”，设置为“3 mL/min”，隔垫吹扫模式为“标准”；进样模式选择为“不分流”
		“色谱柱”选择“HP-5 毛细管柱”
		“柱箱温度”设置初始温度为“150 ℃”，保持“2 min”，升温速率为“8 ℃/min”，升温至“250 ℃”，保持“12 min”
		“检测器”设置选择“ FPD 前检测器”，勾选“加热器和辅助传输线”，设置温度为“250 ℃”；勾选“空气流量”，设置为“100 mL/min”；勾选“氢气流量”，设置为“75 mL/min”；勾选“尾吹气流量”，设置为“60 mL/min”；勾选“火焰选项”。 单击“应用”→“确定”按钮，保存方法
5	进样检测	（1）设置序列表。将农药标准品及样品放上自动进样盘中指定位置，分别设置样品名称、进样位置、检测方法、数据保存路径等信息，新建文件夹作为数据保存路径。 （2）运行序列。待机器准备就绪，“预运行”灯变亮，基线平稳后开始运行序列，进行标准品与样品的检测
6	关机	调用关机方法。等待柱温、进样口温度和检测器的温度均降到 50 ℃以下，关闭工作站，关闭计算机电源，关闭气相色谱仪的电源，关闭钢瓶总阀和减压阀

3. 分析数据

以保留时间定性，以样品溶液峰面积与标准溶液峰面积比较定量。标准溶液及样品溶液检测见表 6–14。

表 6–14　标准溶液及样品溶液检测

溶液 \ 数据	浓度 / μg · mL^{-1}	保留时间 / min	峰面积
标准溶液（进样 2 次）	0.1		
	0.1		
样品溶液 1			
样品溶液 2			

评价反思

考核评价表见表 6–15。

表 6–15　考核评价表　　　姓名：　　　学号：

过程	考核内容	考核技能点	配分	得分
准备	学习态度	态度端正、自学充分，方案设计清晰	5	
	器皿编号	实验器皿正确编号	5	
温度设定	进样口	温度设置正确	10	
	检测器	温度设置正确	10	
	柱温	温度设置正确	10	
气体流量设定	载气	正确设置氮气流量	10	
	燃气	正确设置氢气流量	10	
	助燃气	正确设置空气流量	10	
进样分析	进样方式	进样方式设定正确	5	
	进样方法	进样手法及进样量正确	5	
其他	技巧	操作熟练度	5	
	文明操作	不浪费耗材，无器皿破损	5	
	整理	器皿洗涤，仪器整理，实验台清理	5	
	团队合作	善于沟通，积极与他人合作	5	
总分			100	

理论提升

在气相色谱测定中，温度控制是重要的指标，直接影响柱的分离效能、检测器的灵敏度和稳定性。温度控制系统主要是指对汽化室、色谱柱、检测器三处的温度控制。在汽化室要保证液体试样瞬间汽化；在色谱柱室要准确控制分离需要的温度，当试样复杂时，分离室温度需要按一定程序控制温度变化，各组分在最佳温度下分离；在检测器要使被分离后的组分通过时不在此冷凝。

气相色谱仪控温方式可分为恒温和程序升温两种。

（1）恒温。对于沸程不太宽的简单样品，可采用恒温模式。一般的气体分析和简单液体样品分析都采用恒温模式。

（2）程序升温。所谓程序升温，是指在一个分析周期里色谱柱的温度随时间由低温到高温呈线性或非线性的变化，使沸点不同的组分，各在其最佳柱温下流出，从而改善分离效果，缩短分析时间。对于沸点分布范围宽的多组分混合物，使用恒柱温气相色谱法分析，其低沸点组分会很快流出，峰形窄且易重叠，而高沸点组分则流出很慢，且峰形扁平且拖尾，因此分析结果既不利于定量测定，又拖延了分析时间。若使用程序升温气相色谱法，使色谱柱温度从低温（如 50 ℃）开始，按一定升温速率（如 5 ℃ ～ 10 ℃/min）升温，柱温呈线性增加，直至终止温度（如 200 ℃），就会使混合物中的每个组分都在最佳柱温（保留温度）下流出。此时低沸物和高沸物都可在较佳分离度下流出，它们的峰形宽窄相近（有相接近的柱效），并缩短了总分析时间。

程序升温的条件包括起始温度、维持起始温度的时间、升温速率、最终温度、维持最终温度的时间。通常都要反复实验加以选择。如果在一个分析周期内，只设定一个升温速率进行升温，称为单阶线性程序升温；如果在一个分析周期内，设定若干个升温速率，并且在若干个温度下保持一定的时间，称为多阶线性程序升温。如图 6-10 所示表示程序升温常用的两种方式。

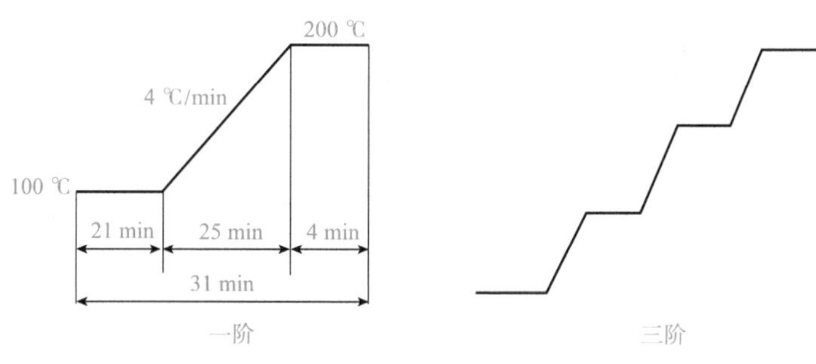

图 6-10　程序升温常用的方式

项目 6

任务3　有机磷农药测定的数据分析

任务要求

1. 能够正确代入公式，计算有机磷农药的含量。重点
2. 能够正确计算精密度，并判定检测结果。难点
3. 能够积极反思实验结果，明确检验工作的使命感和责任感。

任务导引

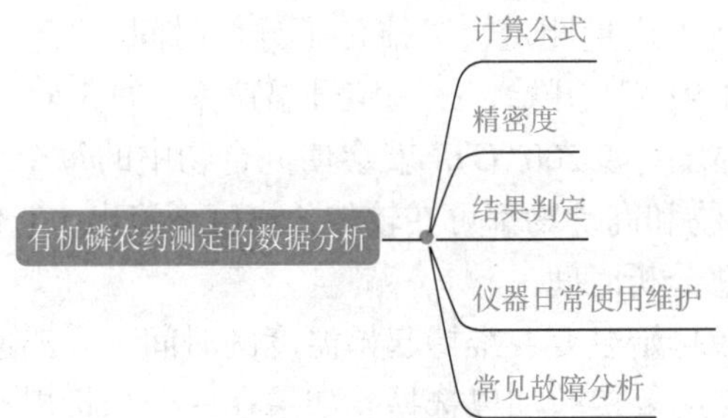

任务实施

1. 计算公式

二维码 6-10
有机磷农药数据处理

试样中被测农药残留量以质量分数 ω 计，单位以毫克每千克（mg/kg）表示，按式（6-2）计算。

$$\omega=\frac{V_1\times A\times V_3}{V_2\times A_s\times m}\times\rho \qquad (6\text{-}2)$$

式中　ω——试样中被测农药残留量（mg/kg）；

ρ——标准溶液中农药的质量浓度（mg/L）；

A——样品溶液中被测农药的峰面积；

A_s——农药标准溶液中被测农药的峰面积；

V_1——提取溶剂总体积（mL）；

V_2——吸取出用于检测的提取溶液的体积（mL）；

V_3——样品溶液定容体积（mL）；

m——试样的质量（g）。

计算结果保留两位有效数字，当结果大于 1 mg/kg 时保留三位有效数字。

2. 精密度

（1）精密度规定。精密度数据是按照《测量方法与结果的准确度（正确度与精密度）第 2 部分：确定标准测量方法重复性与再现性的基本方法》（GB/T 6379.2—2004）规定确定，获得重复性和再现性的值以 95% 的可信度来计算，本方法的精密度数据参见表 6–16。

表 6–16　有机磷类农药精密度数据表

序号	农药名称	质量浓度	重复性限	质量浓度	重复性限	质量浓度	重复性限
1	敌敌畏	0.05	0.003 6	0.1	0.005 8	0.5	0.025 6
2	乙酰甲胺磷	0.05	0.004 6	0.1	0.011 4	0.5	0.062 7
3	百治磷	0.05	0.003 3	0.1	0.012 6	0.5	0.040 4
4	乙拌磷	0.05	0.004 2	0.1	0.006 8	0.5	0.027 3
5	乐果	0.05	0.004 0	0.1	0.010 3	0.5	0.013 5
6	甲基对硫磷	0.05	0.002 9	0.1	0.004 9	0.5	0.019 1
7	毒死蜱	0.05	0.002 4	0.1	0.004 6	0.5	0.019 0
8	嘧啶磷	0.05	0.003 7	0.1	0.007 4	0.5	0.017 8
9	倍硫磷	0.05	0.003 9	0.1	0.007 2	0.5	0.031 8
10	甲拌磷	0.05	0.004 5	0.1	0.007 7	0.5	0.038 1

（2）精密度计算。重复性限是一个数值 r，在重复性条件下，两次测试结果之差的绝对值不超过此数的概率为 95%。

【例 6–1】某检验员在重复性条件下测得乙酰甲胺磷的残留量分别为 0.40 mg/kg、0.36 mg/kg，请问这两个平行结果符合要求吗？

【答】已知条件为：

①查表 6–16 得知，乙酰甲胺磷在添加浓度 X_1=0.1 mg/kg 时的重复性限为 r_1=0.011 4 mg/kg，添加浓度 X_2=0.5 mg/kg 时的重复性限 r_2=0.062 7 mg/kg。

②线性内插法计算实测值 0.40 mg/kg 时的重复性限：

$$r=r_1+\frac{r_2-r_1}{X_2\times X_1}\times(X-X_1)=0.011\,4+\frac{0.062\,7-0.011\,4}{0.5-0.1}\times(0.40-0.10)=0.050$$

③因为 0.40−0.36=0.04 < 0.050，所以平行测定值符合方法的精密度要求。

④本次检测最终农药残留量为 (0.40+0.36)/2=0.38（mg/kg）。

从计算结果得知，0.40 和 0.36 平行结果符合《蔬菜和水果中有机磷、有机氯、拟除虫菊酯和氨基甲酸酯类农药多残留的测定》（NY/T 761—2008）中精密度的要求，本次测定农药残留量为 0.38 mg/kg。

3. 结果判定

黄瓜中敌敌畏含量应不超过 0.2 mg/kg。填写表 6-17，完成实验原始记录。

表 6-17　有机磷农药检测原始记录

编号：

<table>
<tr><td>样品名称</td><td></td><td>样品编号</td><td></td><td>检测日期</td><td></td></tr>
<tr><td>检测项目</td><td colspan="2"></td><td>检测依据</td><td colspan="2"></td></tr>
<tr><td>检测地点</td><td></td><td>室温 t/℃</td><td></td><td>湿度 H/%</td><td></td></tr>
<tr><td>标准储备液</td><td>1 000 mg/L</td><td colspan="2">编号：</td><td>标准工作液</td><td>0.1 mg/L</td></tr>
<tr><td colspan="6">仪器设备：□ YQ-　电子天平　　□ YQ-　气相色谱仪
色谱柱：</td></tr>
<tr><td colspan="6">标准工作液测定</td></tr>
<tr><td>序号</td><td colspan="2">1</td><td colspan="3">2</td></tr>
<tr><td>峰面积</td><td colspan="2"></td><td colspan="3"></td></tr>
<tr><td>峰面积平均值 A_s</td><td colspan="5"></td></tr>
<tr><td colspan="6">样品检验</td></tr>
<tr><td rowspan="2">项目</td><td rowspan="2">单位</td><td colspan="4">平行样品</td></tr>
<tr><td colspan="2">1</td><td colspan="2">2</td></tr>
<tr><td>试样质量 m</td><td>g</td><td colspan="2"></td><td colspan="2"></td></tr>
<tr><td>提取溶剂总体积 V_1</td><td>mL</td><td colspan="2"></td><td colspan="2"></td></tr>
<tr><td>吸取出用于检测的提取溶液的体积 V_2</td><td>mL</td><td colspan="2"></td><td colspan="2"></td></tr>
<tr><td>样品溶液定容体积 V_3</td><td>mL</td><td colspan="2"></td><td colspan="2"></td></tr>
<tr><td>组分峰面积 A</td><td></td><td colspan="2"></td><td colspan="2"></td></tr>
<tr><td colspan="6">试样中被测农药残留量计算公式：$\omega=\frac{V_1\times A\times V_3}{V_2\times A_s\times m}\times\rho$
结果保留两位有效数字，当结果大于 1 mg/kg 时保留三位有效数字</td></tr>
<tr><td>试样中被测农药残留量 X</td><td>mg/kg</td><td colspan="2"></td><td colspan="2"></td></tr>
<tr><td>平均值 $\overline{X}$</td><td>mg/kg</td><td colspan="4"></td></tr>
<tr><td>精密度要求</td><td></td><td>实际精密度</td><td></td><td>精密度判定</td><td>□符合　□不符合</td></tr>
<tr><td>备注</td><td colspan="5"></td></tr>
<tr><td>检测人</td><td></td><td>校核人</td><td></td><td>审核人</td><td></td></tr>
<tr><td>日期</td><td></td><td>日期</td><td></td><td>日期</td><td></td></tr>
</table>

评价反思

考核评价表见表 6–18。

表 6–18　考核评价表　　　　姓名：　　　　学号：

过程	考核内容	考核技能点	配分	得分
农药残留量计算	计算公式	公式正确	10	
	数据代入	代入数据正确	10	
	计算结果	结果准确	10	
	有效数字	有效数字正确	10	
重复性限计算	计算公式	公式正确	10	
	数据代入	代入数据正确	10	
	计算结果	结果准确	10	
其他	结果判定	结论正确	10	
	实验记录	记录规范	10	
	团队合作	善于沟通，积极与他人合作	10	
总分			100	

仪器日常使用维护

1. 正确使用气相色谱仪

（1）外气路的检漏。把主机气路面板上载气、氢气、空气的阀旋钮关闭，然后开启各路钢瓶的高压阀，调节减压阀上低压表输出压力，使载气、空气压力为 0.35 ～ 0.6 MPa（3.5 ～ 6.0 kg/cm^3），氢气压力为 0.2 ～ 0.35 MPa。然后关闭高压阀，此时减压阀上低压表指示值不应下降，如下降，则说明连接气路中有漏，应予排除。

（2）色谱仪气路气密性检查。若气路有漏，不仅直接导致仪器工作不稳定或灵敏度下降，而且有发生爆炸的危险，故在操作使用前必须进行这项工作（气密检查一般是检查载气流路，氢气和空气流路若未拆动过，可不检查）。其方法是：打开色谱柱箱盖，把柱子从检测器上拆下，将柱口堵死，然后开启载气流路，调低压输出压力为 0.35 ～ 0.6 MPa，打开主机面板上的载气旋钮，此时压力表应有指示。最后将载气旋钮关闭，半小时内其柱前压力指示值不应有下降，若有下降则有漏，应予排除。若是主机内气路有漏，则拆下主机有关侧板，用肥皂水（最好是十二烷基磺酸钠溶液）逐个接头检漏（氢气、空气也可如此检漏），最后将肥皂水擦干。

（3）严禁无载气气压时打开电源。

2. 仪器日常维护

（1）清洁仪器，定期对仪器外表面特别是凹角部位做深度清洁，使用洁净、柔软抹布按相同方向轻轻擦拭。

（2）清洁注射器，可以用丙酮等溶剂进行清洁，或按照设备厂家提供的方法进行操作。

（3）清洗进样口，用丙酮、甲苯等有机溶剂清洗，清洗完成后经过干燥即可使用，或按照设备厂家提供的技术方法进行操作。

（4）检查气路干燥剂，如干燥剂已出现变色现象，应用干燥箱进行干燥后使用或直接更换新的干燥剂进行干燥处理。

常见故障分析

气相色谱仪常见故障分析见表 6-19。

表 6-19　气相色谱仪常见故障分析

常见故障	现象	排除方法
仪器启动不正常	接通电源后，仪器无反应或初始化不正常	1. 关机并拔下电源插头，检查电网电压及接地线是否正常。 2. 利用万用表检查主机保险丝、变压器及其连接件，电源开关及其连接件，以及其他连接线是否正常。 3. 插上电源插头并重新开机，观察仪器是否已经正常。 4. 如果启动正常，而初始化不正常，则根据提示进行相应的检查。 5. 如果马达运转正常，而显示不正常，则检查键盘 / 显示部分是否正常。 6. 如果显示正常，而马达运转不正常，则检查马达及其变压器、保险丝等是否正常。 7. 必要时可拔去一些与初始化无关的部件插头，并进行观察。 8. 如果初始化仍不正常，则基本上可确定是微机板故障
温度控制不正常	不升温或温度不稳定	1. 所有温度均不正常时，先检查电网电压及接地线是否正常。 2. 所有温度均不稳定时，可降低柱箱温度，观察进样器和检测器的温度，如果正常，则是电网电压或接地线引起的故障。 3. 如果电网电压和接地线正常，则通常是微机板故障，一般来说各路温控的铂电阻或加热丝同时损坏的可能性极小。 4. 如果是某一路温控不正常，则检查该路温控的铂电阻、加热丝是否正常。 5. 如果是柱箱温控不正常，还要检查相应的继电器、可控硅是否正常。 6. 如果铂电阻、加热丝等均正常，则是微机板故障。 7. 在上述检查过程中，要注意各零部件的接插件、连接线是否存在断路、短路及接触不良的现象
点火不正常	FID、NPD、FPD 检测器不能点火或点火困难	1. 检查载气、氢气、空气是否进入检测器，否则检查气路部分。 2. 检查各种气体的流量设置是否正确，否则重新设置。 3. 观察点火丝是否发红，否则检查点火丝是否断路或短路、接触不良，以及检查点火丝形状是否正常。 4. 点火丝正常的情况下，FID、FPD 检测器观察点火继电器吸合是否正常，点火电流是否加到点火丝上，否则检查相应的电路部分。 5. NPD 检测器在确认铷珠正常的前提下，观察电流调节是否正常，否则检查相应的电路部分。 6. 检查检测器是否存在污染、堵塞现象。 7. 检查检测器内部是否存在漏气现象

续表

常见故障	现象	排除方法
出部分反峰	大部分峰为正向出峰，但一部分峰为反向出峰，或基线往负方向偏移	1. 使用空气压缩机时，检查确认反向出峰或基线往负方向偏移是否与空气压缩机的动作（空气压力不足时空气压缩机自动动作）在时间上同步。 2. 较多水分进入离子化检测器时，火焰的燃烧状态短时间会起变化，伴随出现反峰（这不是异常）。 3. 检查各种气体的流量设置是否正常，以及是否存在漏气现象。 4. 检查载气的纯度，如果载气里面有微量不纯物，而样品的纯度比载气的纯度高，就会出现反峰。 5. 气路切换时有压力冲击，也会出现反峰，此时气路中应加接稳压装置。 6. 使用 TCD 时，如果载气和样品的热导系数过于接近，也会出现一部分或全部的反峰
出峰后零点偏移	样品出完溶剂峰等平顶峰后基线不能回到原来的零点	1. 各气体流量是否正常（数值、稳定）。 2. 柱箱、检测器的温度是否正常（数值、稳定）。 3. 检测器是否被污染，如果被污染，进行清洗或更换零件。 4. 必要时在通入载气的情况下，将检测器的温度设置在 200 ℃ 以上进行数小时的老化。 5. 色谱柱是否老化不足，必要时在载气进入色谱柱的情况下，将色谱柱箱的温度设置在色谱柱的高使用温度下 30 ℃ 左右进行 10 h 以上的老化，或用程序升温方式进行老化。 6. 减少进样量。 7. 使用 TCD 时，如果大量的氧成分注入 TCD，会引起 TCD 钨丝阻值的变化，使基线无法回零，钨丝的寿命也会减短

延伸阅读

微型气相色谱的特点及应用

在现代高科技和实际需要的推动下，各种仪器的小型化和微型化一直是一个重要的发展趋势，事实上，GC 的微型化一直是人们追求的目标，并已经历了几十年的发展。总体看来，开发微型 GC 有两种思路：一是将常规仪器按比例小型化，如 PE 公司的便携式 GC，其大小相当于一个旅行箱，质量为 20 kg 左右；二是用高科技制造技术实现元件的微型化，如 HP 公司的微型 GC，其大小相当于一个文件包，质量只有 5.2 kg。中国科学院大连化物所的关亚风教授也成功地研制出了微型 GC。这些微型 GC 的共同特点有以下七点。

1. 体积小，质量轻，便于携带。可安装在航天飞机及各种宇宙探测器上，也可由工作人员随身携带进行野外考察分析。

2. 分析速度快。保留时间以秒计，很适合大气水源污染地的痕量毒物分析、检测和研究。

3. 灵敏度高。对许多化合物的最低检测限为 5 ～ 10 级。

4. 可靠性高。适合不同的环境，可连续进行 2 500 000 次分析。

5. 功耗低，省能源。一般采用 12 V 直流电，功耗不超过 100 W。

6. 自动化程度高。可用笔记本计算机控制整个分析过程和数据处理，也可遥控分析。

7. 样品适用范围有限。目前市场上的微型 GC 基本都采用 TCD 检测器，进口温度不超过 150 ℃，故主要用于常规气体的分析，以及液体和固体样品的顶空分析。微型 GC 是分析空气中是否存在污染物的理想选择，已用于测定 BTEX（苯、甲苯、乙苯和二甲苯），这些物质常用作环境污染的标志化合物。

项目 7　高效液相检测饮料中苯甲酸钠含量

案例分析

某食品有限公司生产的橙味汽水，苯甲酸及其钠盐（以苯甲酸计）初检值为 0.2(+) g/kg，复检值为 0.279 g/kg，标准规定≤ 0.2 g/kg，初验机构为某省食品检验研究院，复检机构为某省检验检疫科学技术研究院。

请对下列问题给予回答和分析。

1. 食品中苯甲酸含量过高会带来哪些危害？
2. 苯甲酸钠过量使用的可能原因是什么？
3. 防腐剂混用的产品检测时需要注意什么问题？
4. 复检申请的提出是否有时间限制？是否可以申请选择复检机构？

相关链接
《食品安全国家标准 食品添加剂使用标准》(GB 2760—2014）规定，同一功能且具有数值型最大使用量的食品添加剂（相同色泽着色剂、防腐剂、抗氧化剂）在混合使用时，各自用量占其最大使用量的比例之和不应超过 1
《中华人民共和国食品安全法》第三十四条第（四）项明确规定，禁止生产经营“超范围、超限量使用食品添加剂的食品”，同时在第一百二十四条对违反上述规定的行为设定了严格的法律责任。第四十条规定，食品生产经营者应当按照食品安全国家标准使用食品添加剂
《食品安全抽样检验管理办法》规定，食品生产经营者对监督抽检检验结论有异议的，可以自收到检验结论之日起 7 个工作日内，向实施监督抽检的市场监督管理部门或者其上一级市场监督管理部门提出书面复检申请。逾期未提出的，视为认可检验结论。市场监督管理部门在公布的复检机构名录中，随机确定复检机构进行复检，不得与初检机构为同一机构

项目描述

苯甲酸及其钠盐是食品工业中常见的防腐保鲜剂，对霉菌、酵母和细菌有较好的抑制作用。苯甲酸及其钠盐的安全性较高，少量苯甲酸对人体无毒害，可随尿液排出体外，但若长期过量食入苯甲酸超标的食品可能会对肝脏功能产生一定影响。

本项目以碳酸饮料为例，根据《食品安全国家标准 食品中苯甲酸、山梨酸和糖精钠的测定》（GB 5009.28—2016），选择第一法高效液相法检测其苯甲酸钠的含量。检测仪器是高效液相色谱仪，定量方法是标准曲线法。为保证实验顺利进行，在开展检测任务前，需要了解检测仪器的结构原理，熟练仪器操作。

技能基础1 高效液相色谱仪的基本操作技术

学习要求

1. 能够理解液相色谱分离检测原理及分析流程。难点
2. 能够指出高效液相色谱仪的主要部件名称、位置及其作用。重点
3. 能够掌握液相色谱仪的基本操作方法。重点
4. 能够保持认真务实的实验态度。

学习导引

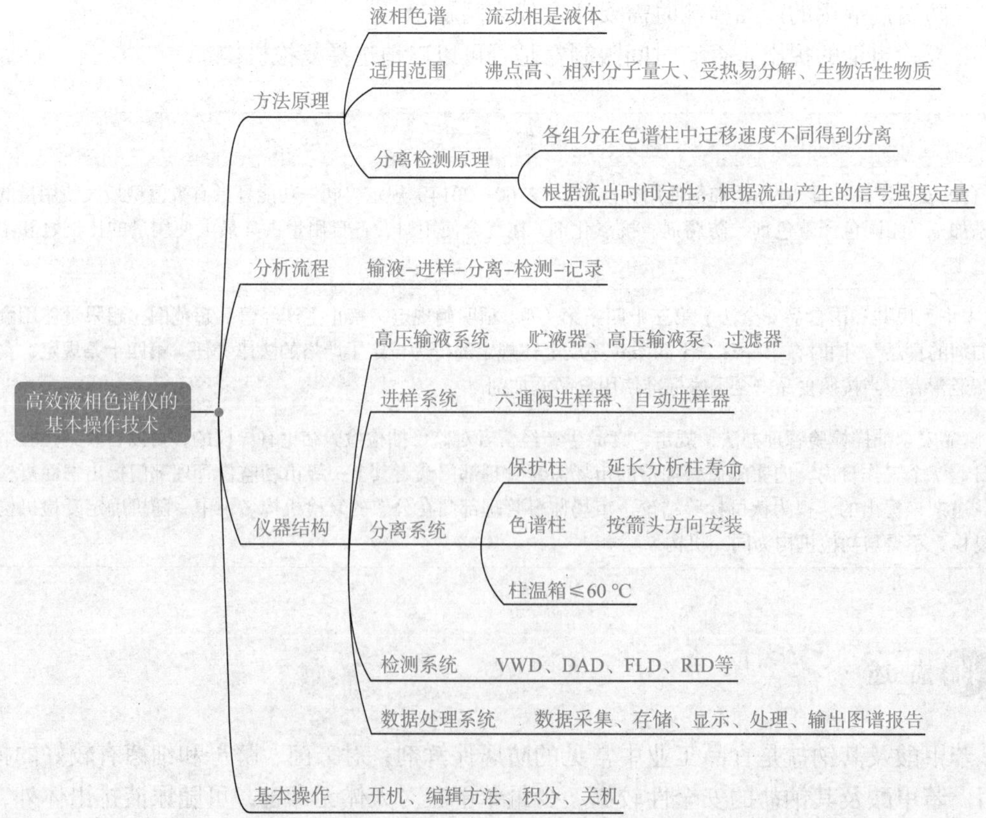

方法原理

1. 高效液相色谱简介

现代的色谱技术有很多种，最常用的是气相色谱和液相色谱。其中，气相色谱是通过温度和载气的作用，将样品变为气态，在色谱柱中分离检测。但对于沸点高、相对分子质量大、受热易分解及生物活性物质就需要用液相色谱来分析。

液相色谱的样品是被液体流动相溶解和推动的，流动相可以有很多种选择，并且不同种类、不同 pH 值、不同比例等，对分析的效果也会有很大影响。必要时，也可利用先进接口技术将液相色谱和质谱连接，达到定性定量同时进行，结果可靠。

2. 液相色谱分离检测原理

混合物中各组分在固定相和流动相之间会发生吸附、溶解或其他亲和作用，这种作用存在差异，从而使各组分在色谱柱中的迁移速度不同，得到分离（图 7–1），根据流出时间定性，根据流出产生的信号强度定量。

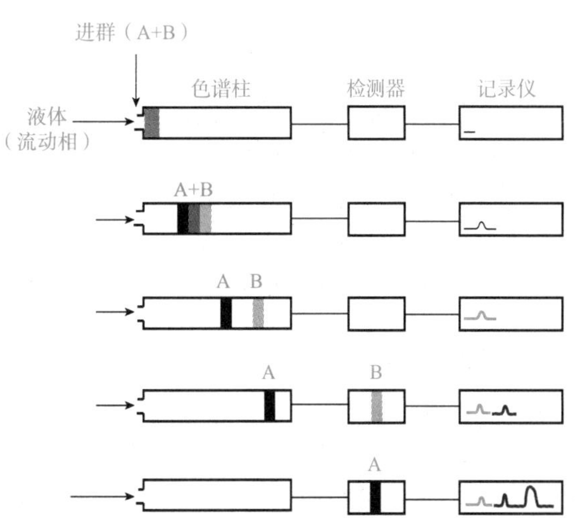

图 7–1　高效液相色谱分离检测物质

3. 液相色谱法分析流程

高压输液泵将贮液器中的流动相以稳定的流速输送至分析体系，在色谱柱之前通过进样器将样品导入，流动相将样品带入色谱柱，在色谱柱中各组分被分离，并依次随流动相流至检测器，检测器检测到的信号送到工作站记录、处理并保存（图 7–2）。

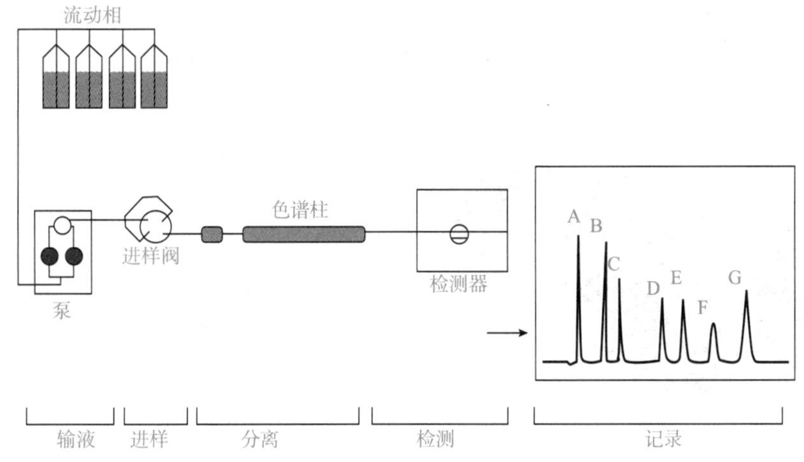

图 7–2　高效液相色谱仪的分析流程

仪器结构

1. 高压输液系统

（1）贮液器。贮液器主要是用来提供足够数量的、符合要求的流动相以完成分析任务。贮液器的一般要求见表 7–1。

表 7–1　贮液器的要求

常用材质	玻璃、不锈钢、氟塑料
容积	0.5 ～ 2.0 L
放置位置	高于泵体，保持一定的输液静压差
注意	使用过程密封、保持洁净

二维码 7–1
高效液相色谱仪结构

（2）高压输液泵。高压输液泵的作用是将流动相以稳定的流速或压力输送到色谱分离系统。要求泵体材料耐腐蚀、耐高压，输出稳定。

（3）过滤器。在高压输液泵的进口和它的出口与进样阀之间设置过滤器，防止微小杂质进入系统，导致精密部件损坏；同时，防止杂质在柱头积累造成柱压升高，使色谱柱不能正常工作。当过滤器堵塞，可超声波清洗或更换滤芯。

2. 进样系统

液相进样器是将样品溶液准确送入色谱柱的装置，常用进样器有六通阀进样器和自动进样器两种。

（1）六通阀进样器。六通阀进样器作为最常用的手动进样器（表 7–2），其外观如图 7–3 所示，进样时需要使用平头针（图 7–4），具体操作过程见表 7–3。

表 7–2　手动进样器

类型	进样针	定量管体积	采样位置	进样位置
手动进样器	平头针	10 μL、20 μL 常用	Load	Inject

图 7–3　六通阀进样器

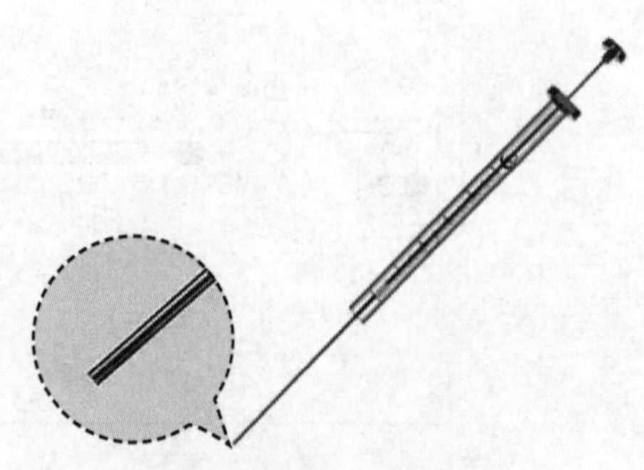

图 7–4　液相进样平头针

表 7-3　手动进样器操作过程

序号	过程	操作动作	连接状态	流路状态
1	准备	阀柄置于 Load 位置	进样口 4 只与定量管连接	流动相直接进入色谱柱
2	采样（图 7-5）	平头针注入样品溶液	多余样品从 6 处溢出	
3	进样（图 7-6）	阀柄转至 Inject 位置	流动相与定量管接通	样品被流动相带到色谱柱

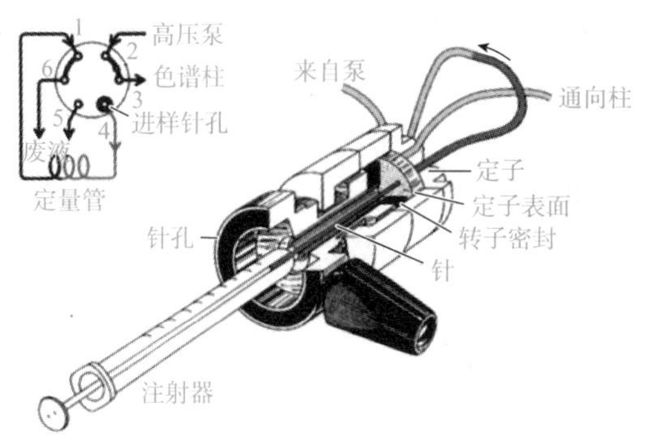

图 7-5　采样（Load）

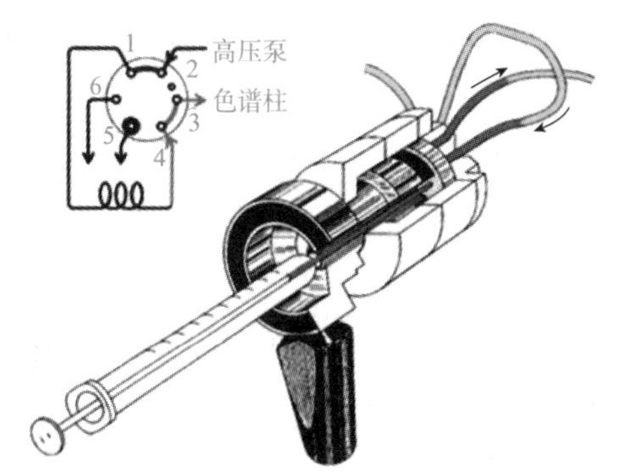

图 7-6　进样（Inject）

（2）自动进样器。自动进样器一般由进样臂、进样针、样品托盘、清洗系统、驱动系统、控制系统等部分组成（图 7-7）。只要把样品瓶按次序摆进样品盘，计算机端设置好序列（取样顺序、样品瓶位置、进样量等信息），单击开始就可以自动完成取样、进样、复位、管路清洗等工作。

图 7-7　自动进样系统外观图

3. 分离系统

分离系统的主要部件是色谱柱（图 7-8），需要注意以下问题。

图 7-8　液相色谱柱外观图

（1）一般在色谱柱前要求安装保护柱，起到保护、延长分析柱寿命的作用。

（2）柱温箱能提供一定的分离温度。提高柱温有利于降低溶剂黏度，提高样品溶解度，改变分离度，保证保留值重复稳定；但柱温不能大于 60 ℃，否则流动相汽化不能正常分析。

（3）安装色谱柱时，按照色谱柱上标注的流路方向安装，流路管线接头要紧紧插入色谱柱柱端螺纹入口并拧紧。

（4）色谱柱长度、粒径与分离能力。色谱柱越短出峰越快，分析时间越短，且会降低峰的分离度；色谱柱长度越长意味着分离效果越好，柱效越高。色谱柱长度增加一倍，分离度大约可提高 40%，但同时也延长分析时间，增加成本（图 7–9）。

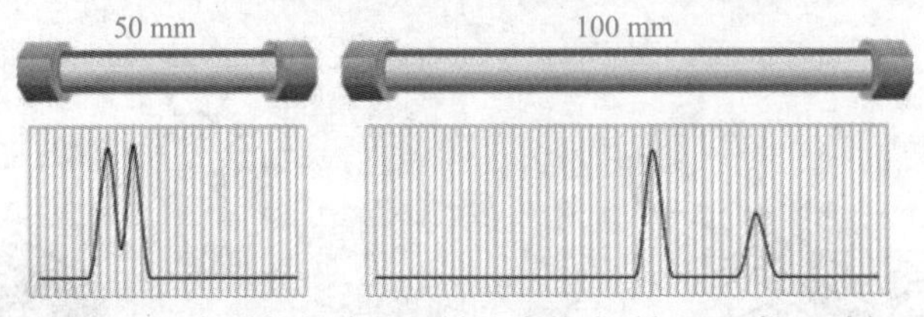

图 7–9　色谱柱长度和机械分离能力（相同颗粒尺寸）

粒径越小色谱峰越窄，对样品的保留能力越强，也就是分离能力越强，优化了分离度（图 7–10）。

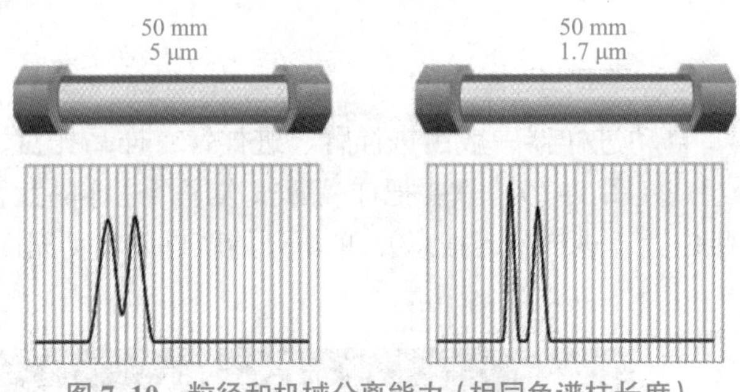

图 7–10　粒径和机械分离能力（相同色谱柱长度）

4. 检测系统

检测系统主要是检测器，几种常见的检测器见表 7–4。

表 7–4　常见液相检测器

检测器	紫外吸收检测器 VWD	二极管阵列检测器 DAD	荧光检测器 FLD	示差折光检测器 RID
测量参数	吸光度	吸光度	荧光强度	折射率
梯度洗脱	能	能	能	不能
优点	应用最广泛，线性范围宽，选择性好，能与其他检测器串联	方法研究中，可以快速选择最佳检测波长；多组分混合物分析中，可以编辑波长程序	灵敏度比紫外检测器高 100 倍，可做痕量检测	可检测无紫外吸收的物质，对糖类检测灵敏度较高
缺点	对紫外吸收差的化合物灵敏度很低	只能检测有紫外吸收的物质；流动相的截止波长必须小于检测波长	选择条件下不产生荧光的物质不能检测	受温度、流动相组成影响大；对多数物质灵敏度低

5. 数据处理系统（图 7–11）

数据处理系统也称色谱工作站，负责数据采集、存储、显示、处理和输出数据图谱报告。

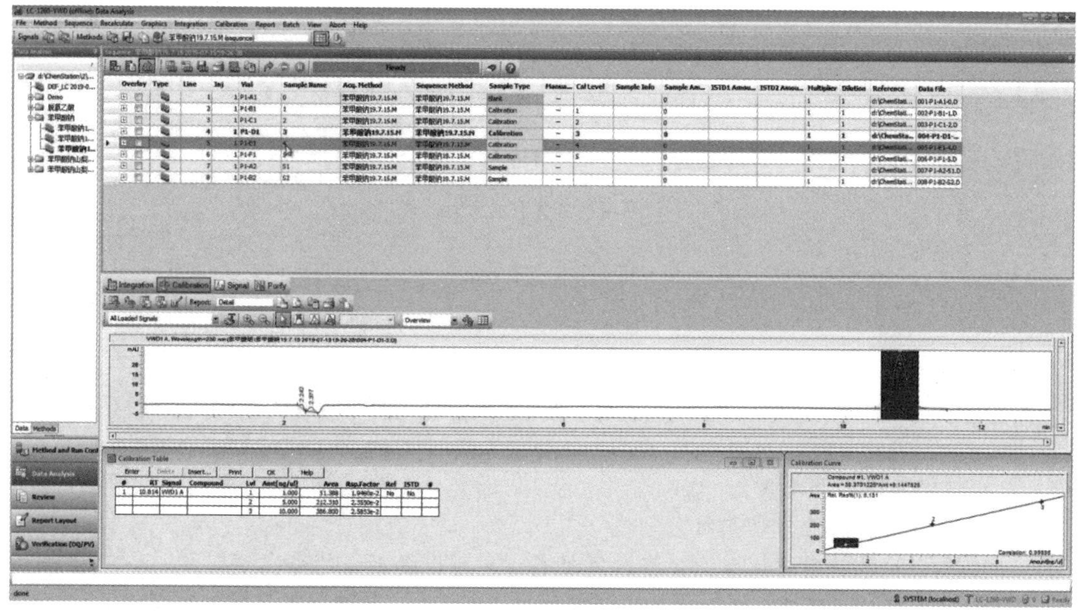

图 7–11　数据处理系统

实训任务

结合实验室高效液相色谱仪，各小组同学讨论并指出各结构部件在仪器中的可能位置，练习仪器在线和离线工作站基本操作。

1. 开机

打开稳压电源，依次打开液相各模块开关、计算机在线工作站。

2. 编辑方法

设置方法参数，熟悉“进样器”“四元泵”“柱温箱”“VWD 检测器”菜单下内容，以及保存方法。

3. 积分

在离线工作站调出数据，练习对数据进行自动积分。

4. 关机

依次关闭各模块、液相、计算机、稳压电源，填写仪器使用记录。

巩固习题

1. 完成表 7-5 的填写。

表 7-5　高效液相色谱仪的基本组成

序号	组成部件	作用
1		提供足够数量的、符合要求的流动相
2		把流动相连续稳定地输入系统
3		负责把液体样品引入系统
4		样品在其上实现分离
5		将柱流出物中样品组成和含量的变化转化为电信号
6		信息记录、谱图绘制和数据分析处理

2. 下列说法错误的是（　　）。

A. 液相进样针应为平头针

B. 色谱柱越长出峰越慢，分析时间越长，但可以提高峰的分离度

C. 在上样前，手动六通阀进样器的阀柄应置于 Inject 位置，进样时阀柄置于 Load 位置

3. 色谱法中，样品是通过（　　）加载到色谱柱中。

A. 高压输液泵　　B. 进样器　　C. 检测器

4. 某液体混合物在 C_{18} 色谱柱中分离得到如图 7-12 所示的色谱图。

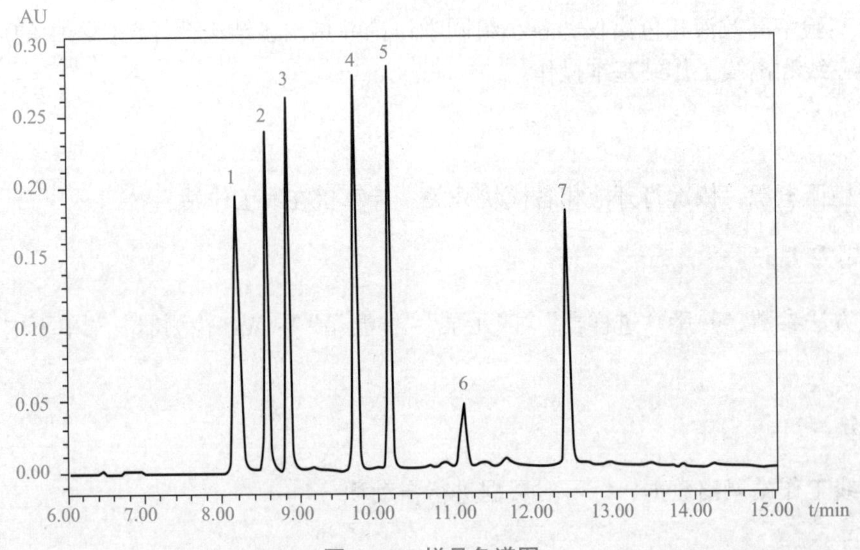

图 7-12　样品色谱图

请用色谱图中数字填空。

（1）此混合物中有________种物质。

（2）在色谱柱内停留时间最长的物质是________。

（3）保留时间最短的物质是________。

（4）在固定相中吸附能力最强的物质是________。

（5）峰面积最小的物质是________。

二维码 7-2
习题参考答案

5. 高效液相色谱仪与气相色谱仪比较增加了（　　）。（多选）

A. 贮液器　　B. 高压泵　　C. 梯度洗脱装置

小组讨论

打开计算机端离线工作站，调用数据，手动积分分别修改斜率、最小峰面积参数时，色谱图会如何改变？

技能基础 2　高效液相色谱法的定性与定量分析

学习要求

1. 能够学会流动相及样品的过滤和脱气操作。重点
2. 能够明确仪器操作流程。难点
3. 能够学会查看色谱分析报告，理解液相色谱法的定性定量原则。重点
4. 能够保持细致耐心、严谨的实验态度和团队合作精神。

学习导引

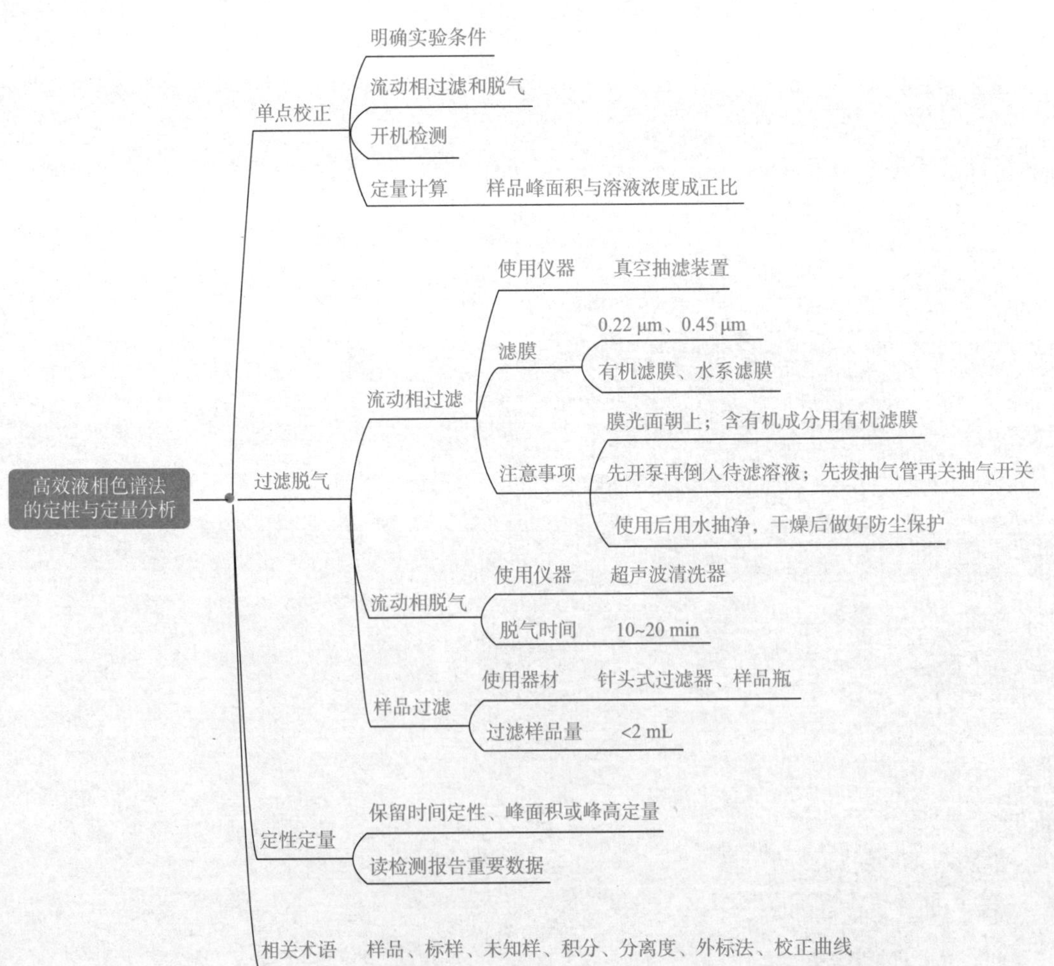

实训任务

以配置手动进样器的高效液相色谱仪（紫外检测器）为例，实验室提供一份已知浓度的噻虫嗪标样和一份未知浓度的样品，用单点校正法检测未知样浓度。

> **安全小贴士**
> 戴防护手套、口罩；安全用电；
> 小心使用玻璃器皿和真空抽滤装置；
> 安全处置针头过滤器。

1. 实验条件（表 7-6）

表 7-6　实验条件

色谱柱	C_{18} 柱，4.6 mm × 250 mm，粒径 5 μm
柱温	室温
流动相	甲醇 + 水 =50+50
流速	0.8 mL/min
检测波长	254 nm
进样量	10 μL
泵模式	等浓度洗脱

2. 过滤和脱气

（1）流动相过滤。流动相需使用真空抽滤装置（图 7-13），经过 0.45 μm 以下微孔滤膜进行过滤后方可使用。常用微孔滤膜为水系滤膜和水油通用的有机滤膜（图 7-14）。有机滤膜一般用于过滤有机溶剂，过滤水溶液时流速低。水系滤膜只能用于过滤水溶液，严禁用于有机溶剂，否则滤膜会被溶解。本实验使用 0.22 μm 有机滤膜过滤甲醇（色谱纯）。

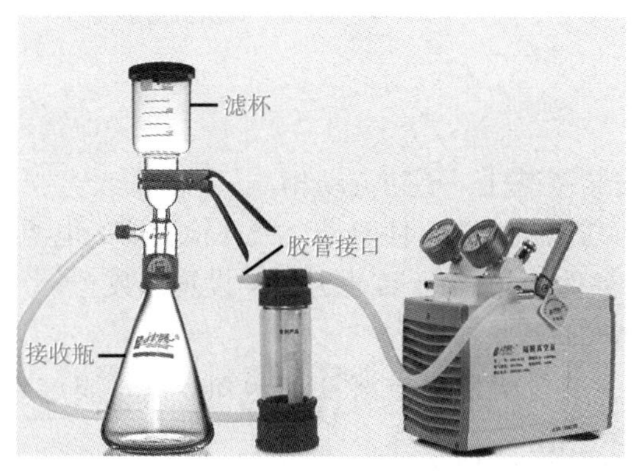

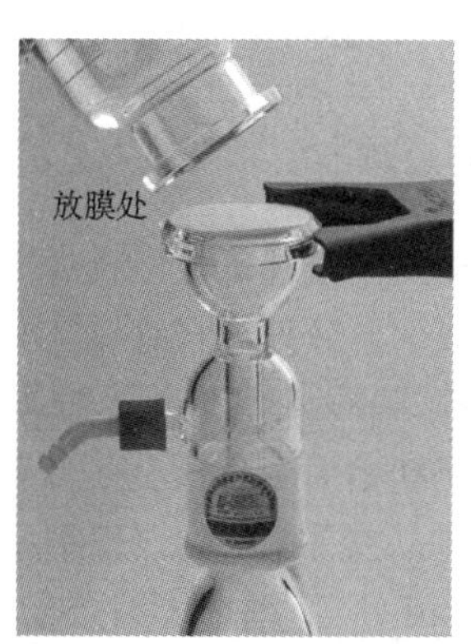

图 7-13　真空抽滤装置

真空抽滤注意事项如下。

1）滤膜使用时要注意光面朝上放置。

2）若流动相需混合后过滤，需选用有机滤膜。

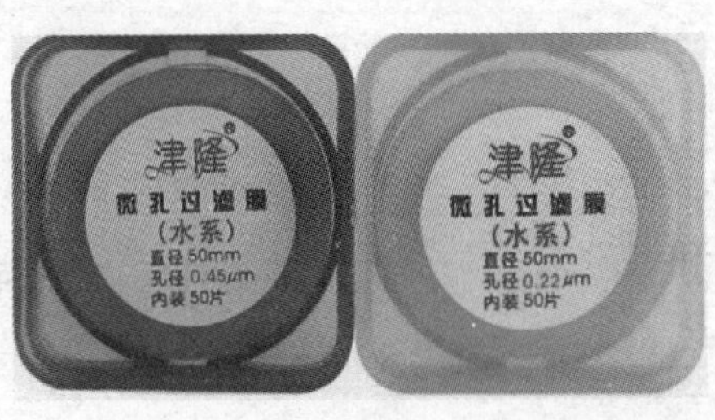

图 7-14　水系滤膜和有机滤膜

3）先打开真空泵，再将需要过滤的溶剂倒入滤杯进行过滤。

4）抽滤结束时，应先拔掉抽气管，再关闭抽气开关，以免回流污染滤液。

5）滤器使用后，用水抽洗，干燥后，做好防尘保护备用。

（2）流动相脱气。分别将过滤后的流动相连同容器放入超声波清洗器（图 7-15）的水槽中，脱气 10 ～ 20 min。完成脱气以后，拿起贮液器时不要晃动。本实验对甲醇、超纯水脱气 15 min。

（3）样品的过滤。色谱检测所需样品量＜ 2 mL，需通过一次性针头式过滤器与一次性注射器配合使用，完成样品过滤，如图 7-16 所示。

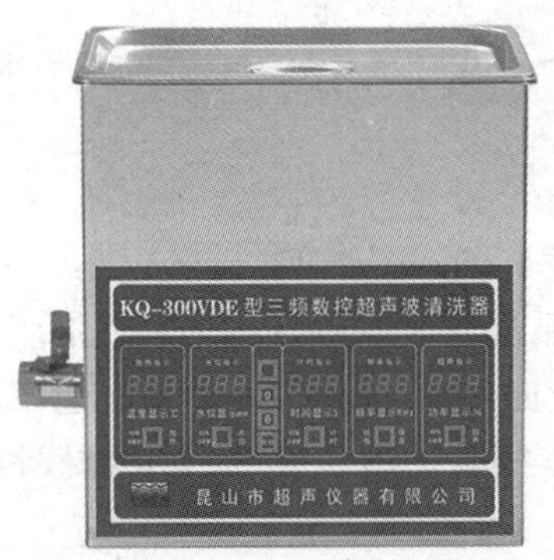

图 7-15　超声波脱气装置

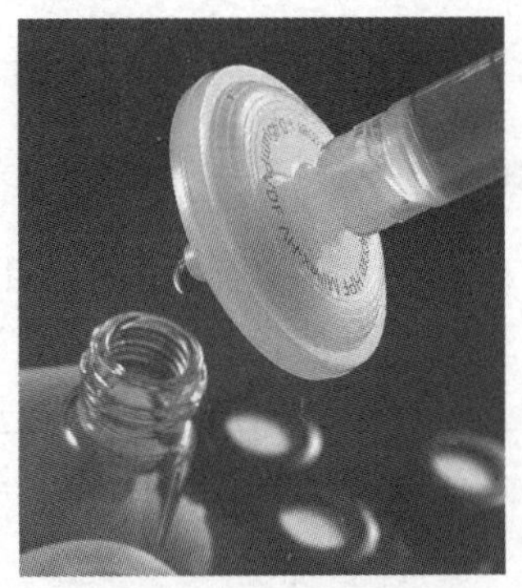

图 7-16　针头式过滤器

3. 开机检测

（1）按照色谱柱标注的流路方向安装色谱柱，更新流动相。

（2）依次打开计算机在线工作站、高压输液泵、柱温箱、紫外检测器的电源开关。

（3）打开 purge 阀排气，根据实验条件（表 7-6）编辑方法，设置参数。

（4）流动相平衡色谱柱，观察色谱图基线情况。

（5）待基线平稳后，分别用液相平头针吸取标准溶液和未知样液，通过六通阀采样(定量环 10 μL)，工作站采集数据、保存色谱图。

（6）打开离线工作站，找到标品和样品的谱图，自动积分。手动调整积分斜率、峰宽、最小峰面积、最小峰高等参数，试优化积分参数。

（7）调出数据，新建校正表，添加校正级别及浓度，外标法校正确定样品浓度。

（8）打印输出色谱分析报告单，填写仪器使用记录。

（9）流动相清洗色谱柱 30 min 后，关闭色谱仪、计算机、稳压电源。

实验记录

根据图谱报告信息，填写数据记录（表 7-7）。

表 7-7　实验数据记录单

名称	保留时间	峰面积	浓度
标样			
样品			

评价反思

考核评价表见表 7-8。

表 7-8　考核评价表　　　　姓名：　　　　学号：

考核内容	考核技能点	配分	得分
实验准备	态度端正，自学充分	10	
超纯水机	正确使用仪器，正确取水	10	
抽滤	正确搭建真空抽滤装置，操作正确	10	
超声	正确使用水浴超声	10	
设置参数	按实验要求正确设定方法参数	10	
积分优化	正确设置积分优化参数	10	
报告	正确设置、输出报告，正确填写数据记录	10	
文明操作	不浪费试剂耗材，无器皿破损	10	
整理	器皿洗涤，仪器整理，实验台清理	10	
团队合作	善于沟通，积极与他人合作	10	
总分		100	

定量定性分析

1. 识读图谱数据

液相色谱法定性定量原理与气相色谱法相同，根据保留时间定性，根据峰高或峰面积定量。对照标准样品和未知化合物的保留时间相差在 ±0.05 min 内，即 $\Delta t_R \leqslant 0.05$ min 则认定为同一组分（图 7-17）。

如何读懂色谱图中标样和未知样的色谱分析数据呢？

请查看在 Agilent Chemstation 建立的单点校正外标法检测报告（图 7-18、图 7-19）。其中，RetTime 是保留时间；Area 是峰面积；Amount 是含量；Formula 是回归方程。

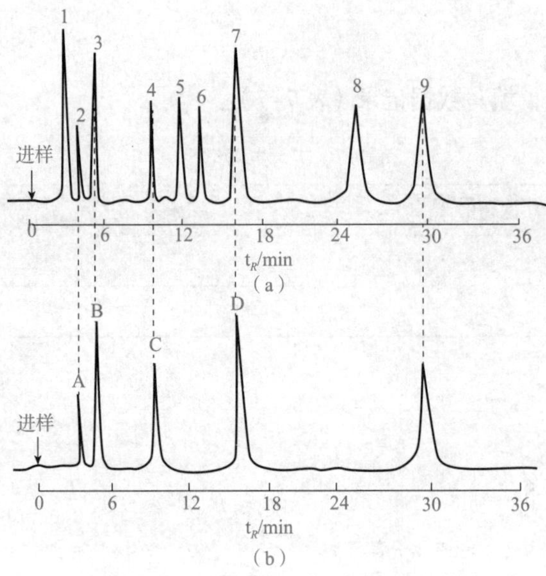

图 7-17　对照已知标准样品定性

（a）未知样；（b）标样

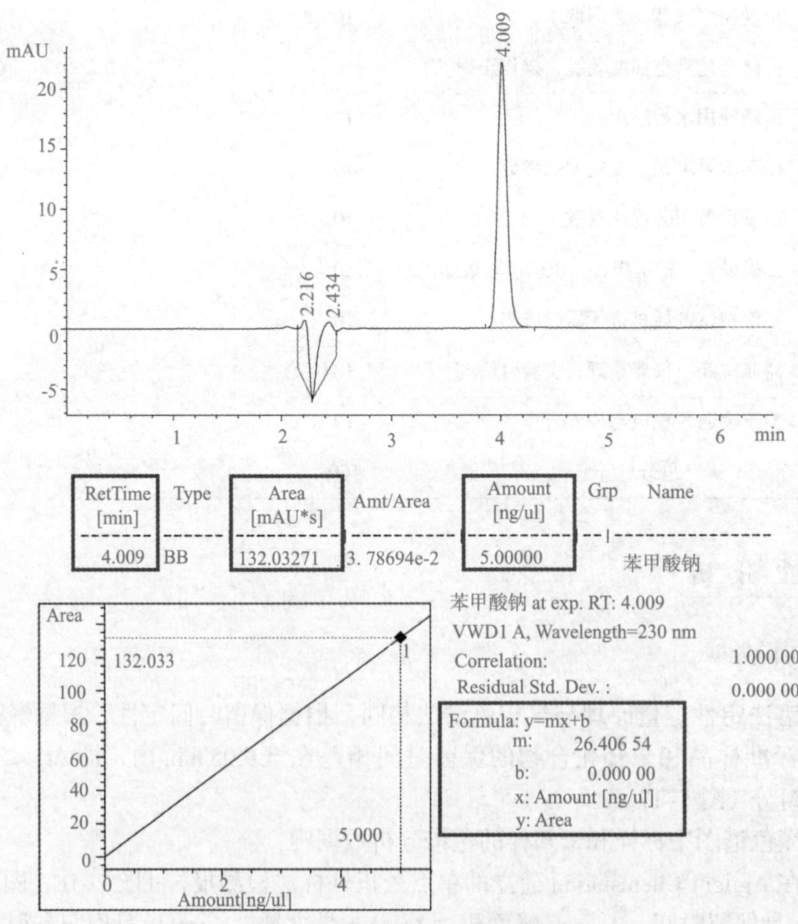

RetTime [min]	Type	Area [mAU*s]	Amt/Area	Amount [ng/ul]	Grp	Name
4.009	BB	132.03271	3. 78694e-2	5.00000		苯甲酸钠

图 7-18　标样色谱检测报告截图

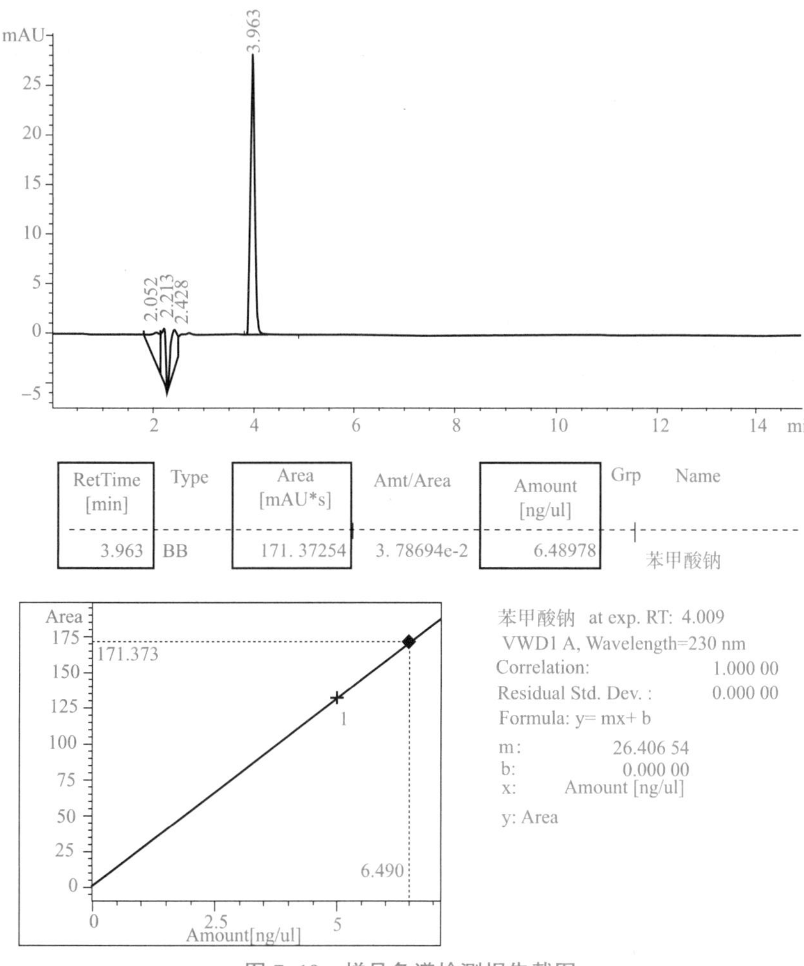

图 7-19　样品色谱检测报告截图

由图 7-18 可知，标品成分的保留时间是 4.009 min，峰面积是 132.033，配制的标样浓度是 5.00 mg/L。实验为单点校正外标法，标准曲线方程 $y=26.406\ 54x$。

由图 7-19 可知，未知样待测成分的保留时间是 3.963 min，峰面积是 171.373，待测成分浓度检测为 6.49 mg/L。因保留时间差 4.009－3.963＝0.046 ＜ 0.05 min，所以系统认定两次检测的成分为同一组分，这就是根据保留时间定性。

标准曲线方程 $y=26.406\ 54x$。定量计算未知样待测组分的浓度（mg/L）：

$$x=\frac{y}{26.406\ 54}=\frac{171.373}{26.406\ 54}=6.49$$

2. 相关术语

（1）分离度（Resolution）：相邻两峰的分离程度，用 R 表示，R 值越大表明相邻两组分分离得越好，$R \geqslant 1.5$ 称为完全分离。

（2）样品（Sample）：含有待测物，供色谱分析的溶液，可分为标样和未知样。

（3）标样（Standard）：浓度已知的纯品。

（4）未知样（Unknown）：浓度待测的混合物。

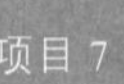

（5）积分（integral）：由计算机对色谱峰进行的峰面积测量的计算过程。

（6）外标法（ESTD）：以待测组分纯品配制标准试样和待测试样同时做色谱分析来进行比较而定量的，可分为标准曲线法和直接比较法。

（7）校正曲线（Calibration curve）：组分含量对响应值的线性曲线，由已知量的标准物建立，用于测定待测物的未知含量。

巩固习题

1. 高效液相色谱仪上 purge 阀的作用是（　　）。
   A. 清洗色谱柱
   B. 清洗泵头与排除管路中的气泡
   C. 清洗检测器
2. 流动相过滤必须使用过滤膜的孔径为（　　）μm。
   A. 0.5　　　B. 0.45　　　C. 0.55
3. 色谱分析中，要求两组分达到较好分离，分离度 R 要求（　　）。
   A. $R \geqslant 1.0$　　　B. $R \geqslant 1.5$　　　C. $R \geqslant 2.0$
4. 下述说法错误的是（　　）。
   A. 根据色谱峰的保留时间可以进行定性分析，根据色谱峰的面积可以进行定量分析
   B. 对于沸点高或热不稳定性物质，可用液相色谱法进行分析
   C. 色谱柱安装到仪器上是没有方向差异的
5. 用高效液相色谱法单标法测定饮料中的日落黄。配制标准溶液浓度为 1 μg/mL，进样后，测得峰面积为 559.4，将 20 mL 饮料样品经过预处理浓缩为 1 mL 待测液，进样后，测得峰面积为 653.0，则饮料中日落黄的原含量为（　　）μg/mL。
   A. 0.058 4　　　B. 1.167　　　C. 0.584

二维码 7-3
习题参考答案

小组讨论

查阅资料，谈谈液相色谱法定量时，峰面积和峰高定量的区别。

任务1　开机前准备

任务要求

1. 能够根据《食品安全国家标准 食品中苯甲酸、山梨酸和糖精钠的测定》(GB 5009.28—2016) 按需配制流动相、准确配制苯甲酸标准系列工作溶液。重点

2. 能够学会样品中苯甲酸的提取，理解操作细节。重点难点

3. 能够保持耐心、细致、节约的实验习惯，以及安全处理实验废弃物的责任意识。

任务导引

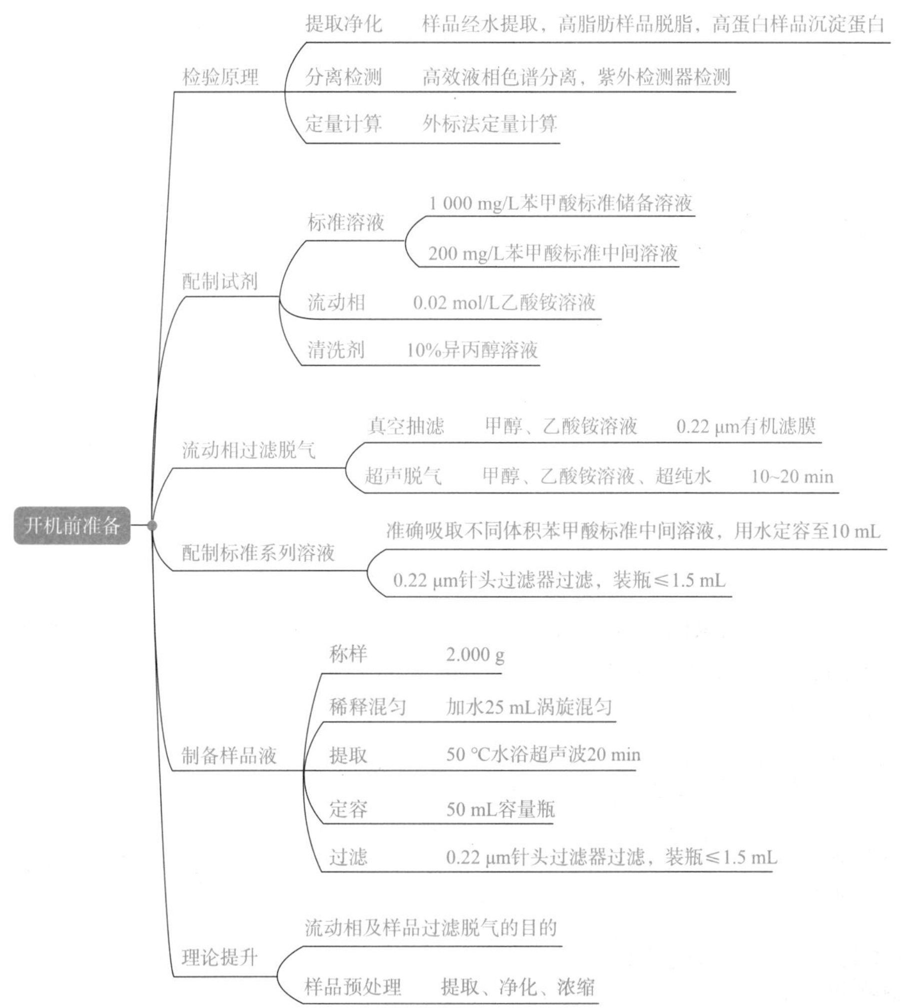

项目 7

方法原理

安全小贴士

戴防护手套、口罩；安全用电；

小心使用玻璃器皿和真空抽滤装置；

安全处置针头过滤器。

1. 检验方法和指标（表 7–9）

表 7–9　苯甲酸及其钠盐（以苯甲酸计）检测方法和指标

食品类别	依据标准	指标要求	检测方法
碳酸饮料	GB 2760—2014	≤ 0.2 g/kg	GB 5009.28—2016 第一法　液相色谱法

二维码 7–4
GB 5009.28—2016

2. 检验原理（表 7–10）

表 7–10　液相色谱法检验原理

1	提取净化	样品经水提取，高脂肪样品经正己烷脱脂、高蛋白样品经蛋白沉淀剂沉淀蛋白
2	分离检测	高效液相色谱分离，紫外检测器检测
3	定量计算	外标法定量计算

任务实施

1. 实验器材（表 7–11）

表 7–11　实验器材

器材名称	数量	器材名称	数量	器材名称	数量	器材名称	数量

2. 配制实验试剂

结合《食品安全国家标准 食品中苯甲酸、山梨酸和糖精钠的测定》（GB 5009.28—2016）完成表 7–12 的填写，要求按需配制、方法正确、定量准确。

表 7–12　试剂配制

试剂名称、浓度	配制方法
1 000 mg/L 苯甲酸标准储备溶液	准确称取（　　　）0.118 g，精确到（　　）g，用（　　）溶解并定容至（　　）mL。于（　　）℃贮存，保存期（　　）个月。当使用苯甲酸标准品时，需要用（　　）溶解并定容
200 mg/L 苯甲酸标准中间溶液	准确吸取标准储备溶液（　　）mL 于（　　）mL 容量瓶中，用（　　）定容。于（　　）℃贮存，保存期（　　）个月

续表

试剂名称、浓度	配制方法
0.02 mol/L 乙酸铵溶液	称取（　　）g 乙酸铵，加入适量（　　）溶解，用水定容至 250 mL，经（　　）μm 水相微孔滤膜过滤后备用
10% 异丙醇溶液	取 10 mL 异丙醇加 90 mL 超纯水，混匀

3. 流动相过滤和脱气（表 7–13）

二维码 7–5
配制流动相

表 7–13　流动相过滤和脱气

步骤	参数	流动相
真空抽滤	0.22 μm 滤膜	甲醇（色谱纯）、0.02 mol/L 乙酸铵
超声脱气	10 ～ 20 min	甲醇（色谱纯）、0.02 mol/L 乙酸铵、超纯水

液相色谱的泵有单元泵、二元泵和四元泵。如果实验所用仪器是单元泵（1 泵头 1 通道），那么流动相就需要按要求的比例预先混合后，再进行抽滤和脱气；如果仪器是四元泵（1 泵头 4 通道），流动相的成分可以单独抽滤和超声，仪器会根据设置自动混合流动相的比例。以本实验流动相配制为例，四元泵和单元泵的流动相制备见表 7–14。

表 7–14　四元泵和单元泵的流动相制备对照表

四元泵	0.02 mol/L 乙酸铵溶液、甲醇、超纯水、清洗剂（10% 异丙醇）
单元泵	甲醇 + 乙酸铵溶液 =25+75、甲醇 + 水 =90+10、甲醇 + 水 =10+90、甲醇

4. 配制苯甲酸钠标准系列溶液

二维码 7–6
配制苯甲酸钠标准系列溶液

准确吸取 0 mL、0.05 mL、0.25 mL、0.50 mL、1.00 mL、2.50 mL 苯甲酸标准中间溶液，分别置于 10 mL 容量瓶中，用水定容至 10 mL，混匀，配制成质量浓度分别为 0 mg/L、1.00 mg/L、5.00 mg/L、10.0 mg/L、20.0 mg/L、50.0 mg/L 的标准系列工作溶液，临用现配。分别过 0.22 μm 滤膜装入编号的样品瓶，待液相色谱测定。完成表 7–15 的填写。

表 7–15　苯甲酸钠标准系列溶液的配制

序号 / 实验流程	标准系列					
	0	1	2	3	4	5
$V_{200\ mg/L\ 苯甲酸钠}$/mL						
定容至 /mL						
$\rho_{苯甲酸钠}$/(mg·L^{-1})						
分别经（　　）μm 针头过滤器过滤，装入样品瓶，待色谱测定						

5. 制备样品液

二维码 7-7
制备样品液

取多个预包装的饮料样品直接混合，准确称取约 2 g（精确到 0.001 g）试样于 50 mL 具塞离心管中，加水约 25 mL，涡旋混匀，于 50 ℃ 水浴超声 20 min，将水相转移到 50 mL 容量瓶中，并用水定容至刻度，混匀。取适量上清液过 0.22 μm 滤膜装入样品瓶，瓶内液体体积不大于 1.5 mL，待液相色谱测定，并完成表 7–16 的填写。

表 7–16　样品液的制备流程

制备步骤	样 1	样 2
称样 /g		
混匀	加水约（　　）mL，涡旋混匀	
提取	（　　）℃ 水浴超声（　　）min，冷却	
定容至 /mL		
净化	取适量上清液经（　　）μm 滤膜过滤，装入样品瓶，待测	

评价反思

考核评价表见表 7–17。

表 7–17　考核评价表　　　　姓名：　　　　学号：

考核内容	考核技能点	配分	得分
实验准备	态度端正、自学充分，准备相应器材齐全	10	
天平	检查水平，正确称量读数，保持整洁	10	
配制溶液	准确量取、定容准确，正确混匀	10	
抽滤	正确搭建真空抽滤装置，操作正确	10	
涡旋混匀	正确使用涡旋振荡器，混匀无洒落	10	
超声	正确使用水浴超声	10	
过滤	正确使用针头过滤器	10	
文明操作	不浪费试剂耗材，无器皿破损	10	
整理	器皿洗涤，仪器整理，实验台清理	10	
团队合作	善于沟通，积极与他人合作	10	
总分		100	

理论提升

问题 1：液相色谱进样前，必须先对流动相和样品进行过滤及脱气处理的原因是什么？

过滤目的：色谱柱填料颗粒很细，内腔很小，流动相和样品中的细小杂质会使色谱柱和输液管路容易堵塞、增加进样阀的堵塞和磨损，同时也会增加泵头内的活塞杆和活塞的磨损。因此，过滤会对色谱柱、仪器起到保护作用，消除污染对分析结果的影响。

脱气目的：除去其中溶解的气体（如氧气），防止在洗脱过程中当流动相由色谱柱流至检测器时，因压力降低而产生气泡。气泡会增加基线的噪声，造成灵敏度下降，甚至无法分析。溶解的氧气还会导致样品中某些组分被氧化，柱中固定相发生降解而改变柱的分离性能。若用荧光检测器，可能会造成荧光猝灭。

问题 2：本次实验配制 10% 异丙醇的用途是什么？

根据安捷伦高效液相色谱仪操作要求，当实验中使用缓冲盐比例较大时，需要配制 10% 的异丙醇清洗液，它的作用是带走泵头活塞杆可能存在的缓冲盐结晶。

问题 3：本实验的样品处理为什么没有加入亚铁氰化钾和乙酸锌处理？

根据《食品安全国家标准 食品中苯甲酸、山梨酸和糖精钠的测定》(GB 5009.28—2016）规定，碳酸饮料、果酒、果汁、蒸馏酒等样品液的制备，可以不加蛋白沉淀剂。

问题 4：样品的预处理主要有哪些操作步骤？

样品预处理的目的是消除基质干扰，保护仪器，提高方法准确度、精密度、选择性和灵敏度，使待测物质能够适应仪器检测的要求。样品预处理至少包括提取、净化和浓缩。**提取**是将待测组分从样品中释放出来，并转移到易于分析的溶液状态，如均质、振荡、超声等；**净化**是将待测组分与杂质分离，如固相萃取（图 7-20）、液 - 液萃取等；**浓缩**是通过减少样品中溶剂的量而使组分浓度升高，如氮吹仪、旋转蒸发器（图 7-21）。

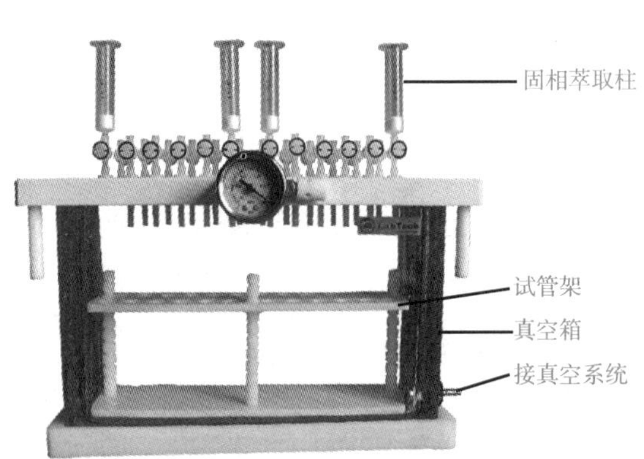

图 7-20　固相萃取装置

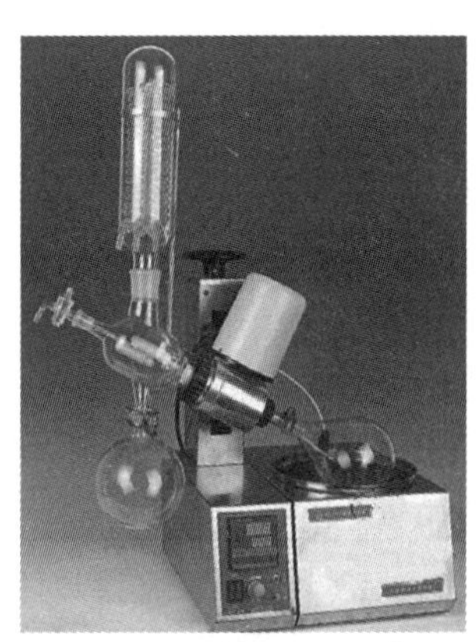

图 7-21　旋转蒸发器

目前，液相色谱分析中使用比较广泛的固相萃取是利用固体吸附剂将目标化合物吸附，使之与样品的基体及干扰化合物分离，然后采用洗脱或加热洗脱，从而达到分离和富集目标化合物的目的（表 7-18）。针对目标物选择合适的萃取填料，为了加速样品溶液流过，需接真空系统。

表 7-18 固相萃取流程

步骤	操作过程	操作目的
活化平衡	加入活化溶剂，再加入柱平衡溶剂	活化平衡萃取小柱
上样	加入一定体积处理后的样品液	目标物吸附在小柱上，而大部分杂质流出
淋洗	加入适当淋洗剂	除去与填料吸附较弱的杂质
洗脱	加洗脱液	使目标物从固相萃取柱上洗脱下来

巩固习题

二维码 7-8
习题参考答案

1. 液相色谱实验中，流动相要尽量选择（　　）。
   A. 分析纯　　B. 优级纯　　C. 色谱纯
2. 下列说法错误的是（　　）。
   A. 超声波提取食品中防腐剂，其原理主要是利用超声波的空化作用及机械热效应等，加速防腐剂从样品中溶出到溶剂中
   B. 流动相的过滤使用真空抽滤装置，样品液的过滤使用针头过滤器
   C. 过滤后的标准系列溶液和样品溶液，为避免浪费，应尽量装满样品瓶
3. 配制好流动相 80% 甲醇 +20% 水，过滤时选用（　　）过滤。
   A. 砂芯　　B. 微孔滤膜（有机膜）　　C. 微孔滤膜（水膜）
4. 测定苯甲酸钠含量实验中，高脂肪样品需要用（　　）脱脂。
   A. 乙醇　　B. 乙醚　　C. 正己烷
5. 在色谱分析中，下列选项中起到浓缩作用的步骤有（　　）。(多选)
   A. 超声波　　B. 氮吹　　C. 旋转蒸发

小组讨论

1. 查阅 GB__________________《食品安全国家标准 食品中苯甲酸、山梨酸和糖精钠的测定》，完成表 7-19 的填写。

表 7-19 检测方法及主要检测仪器

序号	检测方法	主要检测仪器	检出限	定量限
1	液相色谱法			
2	气相色谱法			

2. 如果是苯甲酸配制标准溶液，则两种色谱法都可选择使用。查阅资料，谈谈为什么当使用苯甲酸钠配制标准溶液时，只能选择液相色谱法检测。

任务 2　上机检测

任务要求

1. 能够完成开机排气、方法编辑、仪器平衡操作。重点难点
2. 能够学会编辑、运行自动进样序列，正确清洗仪器。重点
3. 能够保持细致严谨的实验态度、规范操作的责任意识。

任务导引

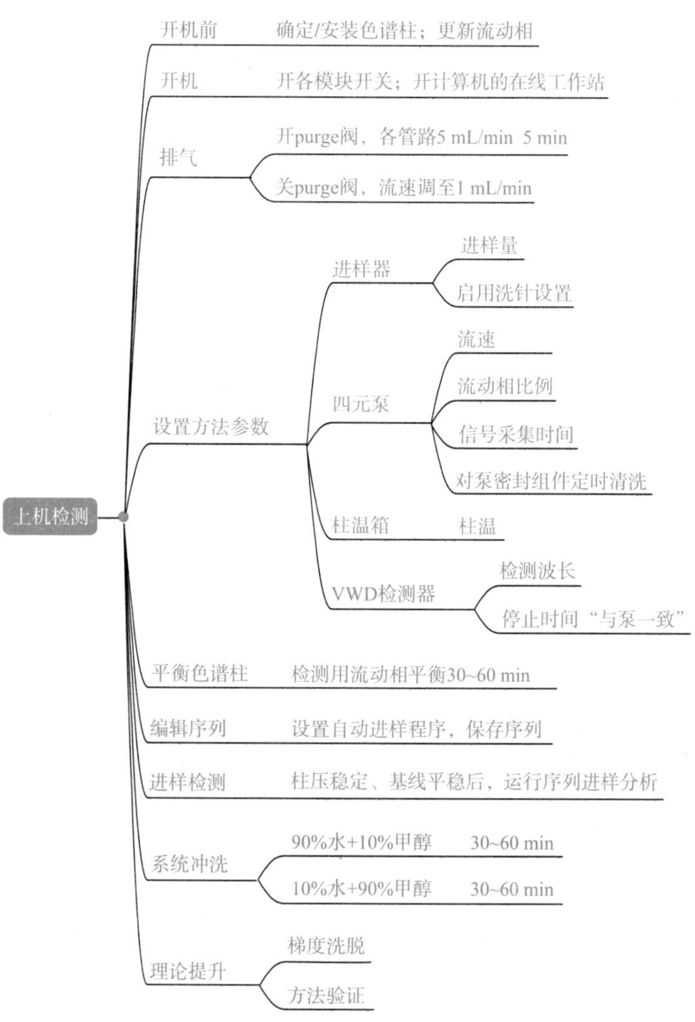

任务实施

安全小贴士

拧紧色谱柱接头；流动相新鲜、充足；收集液相废液；玻璃器皿需小心使用和清洗；安全用电。

本实验使用仪器 Agilent LC 1260（VWD 检测器）设置仪器参考条件（表 7–20），请同学参照视频学习，并在教师指导下完成上机检测过程（表 7–21）。

表 7–20　仪器参考条件

色谱柱	C_{18} 柱，4.6 mm × 250 mm，粒径 5 μm
流动相	甲醇 + 乙酸铵溶液 =25+75
柱温	30 ℃
流速	1 mL/min
检测波长	230 nm
进样量	10 μL

表 7–21　苯甲酸钠上机检验流程

序号	步骤	操作流程
1	开机前	安装或确定色谱柱，并确保柱子两端拧紧不漏液，更新流动相
2	开机	打开计算机的在线工作站，打开液相各模块电源开关
3	排气	逆时针开 purge 阀，分通道排气，流速 5.0 mL/min，5 min/ 通道，排气结束，设置 100% 甲醇 *，流速 1.0 mL/min，关 purge 阀
4	设置参数	“进样器”设置“进样量”为“10 μL”；“启用洗针设置”
		“四元泵”设置“流速”为“1 mL/min”；“流动相比例”为“25% 甲醇 +75% 乙酸铵”；“信号采集时间”为“15 min”；“对泵密封组件定时清洗”
		“柱温箱”设置“柱温”为“30 ℃”
		“VWD 检测器”设置“检测波长”为“230 nm”；停止时间“与泵一致”
5	仪器平衡	流动相平衡色谱柱 30 ～ 60 min，保存方法；确定样品盘中样品瓶位置
6	进样检测	（1）编辑和保存序列。“序列”—“新序列模板”；“序列”—“序列参数”，设定保存路径和命名方式；“序列”—“序列表”，编辑序列信息；“文件”—“另存为”—“序列模板”。 （2）待柱压稳定，基线平稳，再运行序列进样分析。“运行控制”—“运行序列”
7	系统冲洗	90% 水 +10% 甲醇冲洗 30 ～ 60 min 后，10% 水 +90% 甲醇冲洗 30 ～ 60 min

* 如果色谱柱长时间不用或检测项目与上次不同，排气结束后，可先用 100% 纯甲醇平衡色谱柱，去除可能存在的杂质，再更换检测用流动相平衡色谱柱

二维码 7–9
仪器操作说明书

二维码 7–10
仪器开机参数设置

项目 7

本实验使用的流动相中盐溶液比例过大，一方面会使苯甲酸钠的分离速度过慢，另一方面也可能损伤实验用色谱柱。因此，针对仪器条件结合《食品安全国家标准 食品中苯甲酸、山梨酸和糖精钠的测定》（GB 5009.28—2016），经方法确认后，调整流动相甲醇 + 乙酸铵溶液 =25+75。其他检测条件如图 7–22 所示。

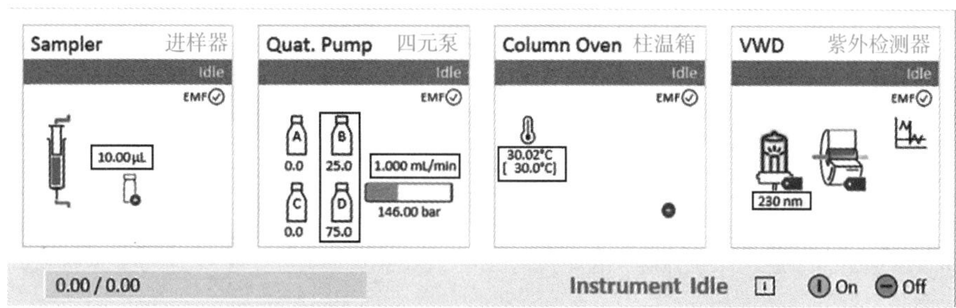

图 7–22　检测条件界面显示状态

编辑自动进样的序列（图 7–23），输入相关的信息。如样品瓶的坐标位置、样品名、方法名称、取样次数、样品类型（空白 / 标准曲线 / 样品）等。

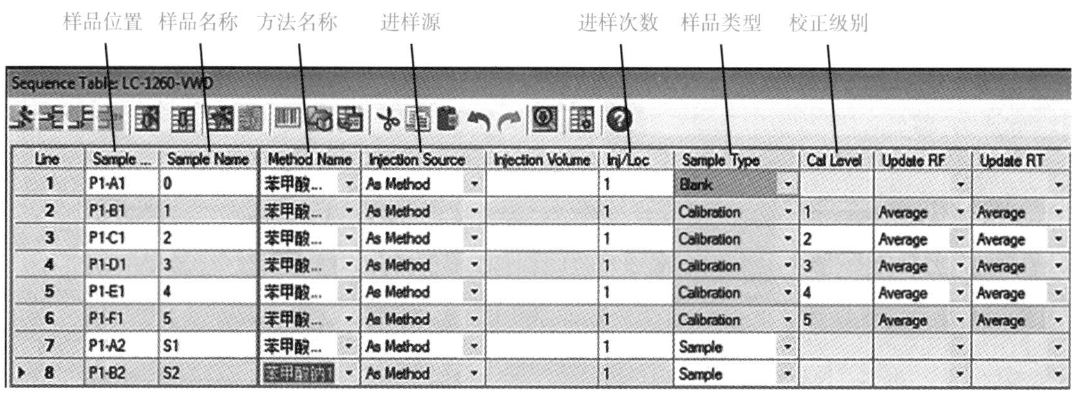

Line	Sample ...	Sample Name	Method Name	Injection Source	Injection Volume	Inj/Loc	Sample Type	Cal Level	Update RF	Update RT
1	P1-A1	0	苯甲酸...	As Method		1	Blank			
2	P1-B1	1	苯甲酸...	As Method		1	Calibration	1	Average	Average
3	P1-C1	2	苯甲酸...	As Method		1	Calibration	2	Average	Average
4	P1-D1	3	苯甲酸...	As Method		1	Calibration	3	Average	Average
5	P1-E1	4	苯甲酸...	As Method		1	Calibration	4	Average	Average
6	P1-F1	5	苯甲酸...	As Method		1	Calibration	5	Average	Average
7	P1-A2	S1	苯甲酸...	As Method		1	Sample			
8	P1-B2	S2	苯甲酸钠1	As Method		1	Sample			

图 7–23　编辑序列示意

二维码 7–11
流动相平衡色谱柱

二维码 7–12
设置序列和检测

二维码 7–13
系统冲洗

实验结束后冲洗整个流路，此过程可以设置成梯度洗脱的形式进行自动清洗。如图 7–24 所示，先用 90% 水 +10% 甲醇流动相冲洗 60 min，再用 90% 甲醇 +10% 水流动相冲洗 60 min。

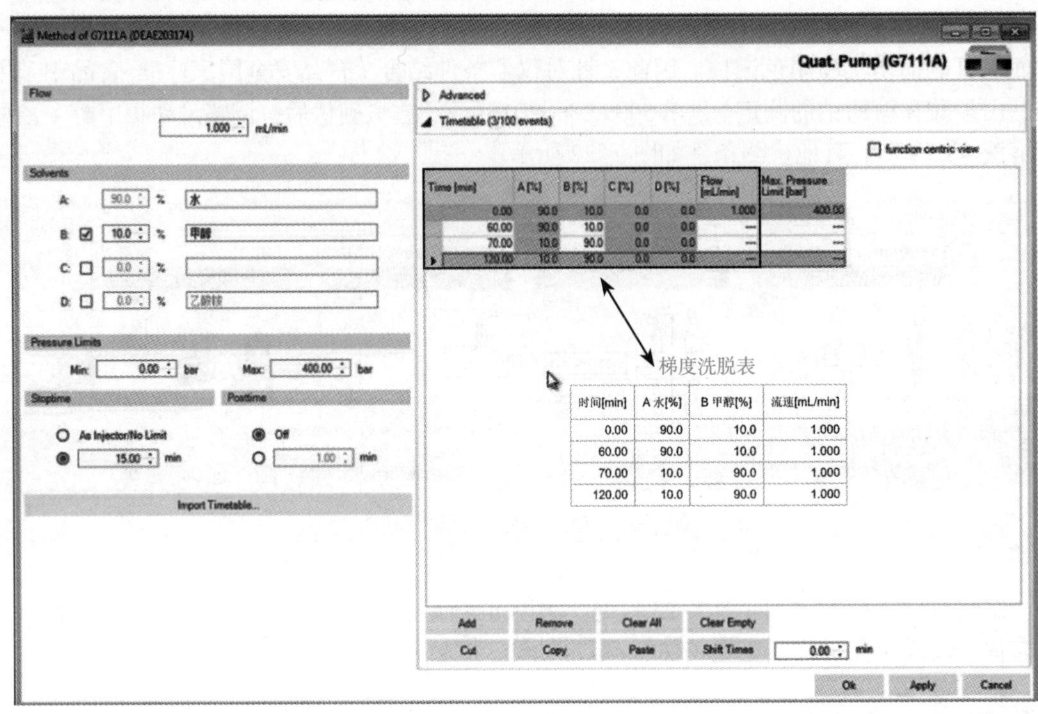

时间[min]	A 水[%]	B 甲醇[%]	流速[mL/min]
0.00	90.0	10.0	1.000
60.00	90.0	10.0	1.000
70.00	10.0	90.0	1.000
120.00	10.0	90.0	1.000

图 7-24　梯度洗脱模式清洗系统

评价反思

考核评价表见表 7-22。

表 7-22　考核评价表　　　　姓名：　　　　学号：

考核内容	考核技能点	配分	得分
色谱柱	正确地选择并安装色谱柱	10	
更换流动相	规范更换流动相	10	
开机排气	正确开机、打开工作站、对各通道排气	10	
平衡系统	设置流动相比例平衡色谱系统	10	
设置参数	按实验要求正确设定检测分析参数	10	
编辑序列	正确编辑、保存序列表	10	
进样检测	运行序列，完成检测分析	10	
系统清洗	正确选择流动相，完成系统清洗	10	
操作文明	认真操作、动作规范	10	
团队合作	善于沟通，积极与他人合作	10	
总分		100	

理论提升

1. 梯度洗脱技术

梯度洗脱技术类似气相色谱分析中的程序升温技术。梯度洗脱一般是改变流动相组成，不仅可以改进复杂样品的分离，改善峰形，减少拖尾并缩短分析时间；而且能降低最小检测量和提高分离精度。尤其是保留值相差很大的多种组分在合理时间内全部洗脱并达到相互分离，往往要用到梯度洗脱技术，如《食品安全国家标准 食品中合成着色剂的测定》（GB 5009.35—2016）采用了梯度洗脱技术，在分离过程中，流速不变，分时段改变流动相 0.02 mol/L 乙酸铵和甲醇的组成比例，从而将柠檬黄、新红、苋菜红、胭脂红、日落黄、亮蓝、赤藓红进行快速洗脱分离。

梯度洗脱技术需要仪器配有梯度洗脱装置。可用于梯度洗脱的常用检测器有紫外检测器（VWD）、二极管阵列检测器（DAD）、荧光检测器（FLD）、蒸发光散射检测器（ELSD）。

2. 方法验证

方法可行性验证一般包括线性范围、准确度、精确度、检出限、定量限等指标。结合饮料中苯甲酸及其钠盐（以苯甲酸计）含量的测定对方法验证做简单介绍，见表 7-23。

表 7-23　方法参数含义及测定方法

参数	含义	测定方法
线性范围	线性是供试物浓度与实验测得响应信号成正比的关系。线性范围是指与检测器响应信号呈线性关系的样品含量的范围。相关系数 $r \geqslant 0.997$，则方法线性范围合格，但此时所得标准曲线不得用于检测赋值	采用标准曲线法定量，至少具有 6 个标准溶液浓度点（包含 0 点），浓度范围一般应覆盖关注浓度的 50% ～ 150%，如需做空白时，则应覆盖关注浓度的 0 ～ 150%。可参考国家标准取校准点
准确度	测得量值与真值间的接近程度。它表示分析方法测量的正确性，通过回收实验进行评估。回收率越接近 100%，方法越准确	将已知浓度的分析物加到样品中，测得的实际浓度减去原来未添加分析物时样品的测定浓度，并除以所添加浓度的百分率；或在空白中加入一系列浓度的目标物测得回收率。回收率应满足表 7-24 的规定，做 1 个加标；或者可以做高、中、低不同浓度，每个浓度做 1 个。 $回收率=\dfrac{加标测定值-未加标测定值}{理论加标值}\times 100\%$
精密度	在规定条件下，对同一或类似被测对象重复测量所得示值或测得的量值间的一致程度。常用相对标准偏差（RSD）来表示	由同一个分析员进行分析测定，对一个样品测定 7 次；或对 2 个样品，每个样品测定 4 次；或对 3 个样品，每个样品测定 3 次，计算平均值、标准偏差和相对标准偏差。RSD 满足表 7-25 的规定。 $\mathrm{RSD}=\dfrac{\sqrt{\dfrac{\sum (X_i-\overline{X})^2}{n-1}}}{\overline{X}}\times 100\%$

续表

参数	含义	测定方法
检出限 LOD	分析方法能够将分析物从背景信号中区分出来时分析物的最低浓度或量。可通过用信噪比法评估 LOD。一般色谱工作站可进行信噪比分析计算	依据方法检出限浓度，将标准品添加到空白样品中，独立测定 10 次，信噪比满足 3 : 1，即可满足方法检出限要求。或配制低浓度样品进行实验，采用信噪比满足 3 : 1，来确定能够可靠检出的最小浓度
定量限 LOQ	样品中被测组分能被定量测定的最低浓度或量。此时的分析结果应能确保一定的正确度和精密度	对标准中提供的定量限，或通过实验得出的定量限进行精密度及准确度实验来确认。通常为空白值加上 10 倍的重复性标准偏差，或 3 倍的 LOD

表 7-24　方法回收率偏差范围

浓度水平范围 /($mg \cdot kg^{-1}$)	回收率范围 /%	浓度水平范围 /($mg \cdot kg^{-1}$)	回收率范围 /%
> 100	95 ～ 105	1 ～ 100	90 ～ 110
0.1 ～ 1	80 ～ 110	< 0.1	60 ～ 120

表 7-25　相对标准偏差 RSD（实验室内变异系数）

被测组分含量 /($\mu g \cdot kg^{-1}$)	RSD/%	被测组分含量 /($mg \cdot kg^{-1}$)	RSD/%	被测组分含量 / %	RSD/%
0.1	43	1	11	1	2.7
1	30	10	7.5	10	2.0
10	21	100	5.3	100	1.3
100	15	1 000	3.8	—	—

巩固习题

1. 下列说法正确的是（　　）。（多选）

A. 进样分析前，基线一定要在零点并走至基本水平

B. 高效液相色谱法，分析样品时流速一般设定为 1 mL/min

C. 高效液相色谱仪的色谱柱可以不用恒温箱，一般可在室温下操作

2. 按照国家标准进行液相色谱分析时，不可改变的色谱条件是（　　）。

A. 柱温　　B. 色谱柱型号　　C. 流动相配比

3. 为保护色谱柱，延长其使用寿命，可采取的方法有（　　）。（多选）

A. 加保护柱

B. 流动相应过滤和脱气

C. 在适宜的温度范围内使用

4. 梯度洗脱是将两种或两种以上性质不同但能互溶的溶剂，按一定的程序改变其配比进行洗脱，此方式可改变（　　）。(多选)

A. 流动相的极性

B. 组分的保留时间

C. 流动相的流速

5. RSD 又称相对标准偏差，一般用来表示测试结果的（　　）。

A. 合理性　　　　B. 准确度　　　　C. 精密度

二维码 7-14
习题参考答案

小组讨论

1. 某同学开机平衡色谱柱时，色谱图基线如图 7-25 所示，试分析原因。

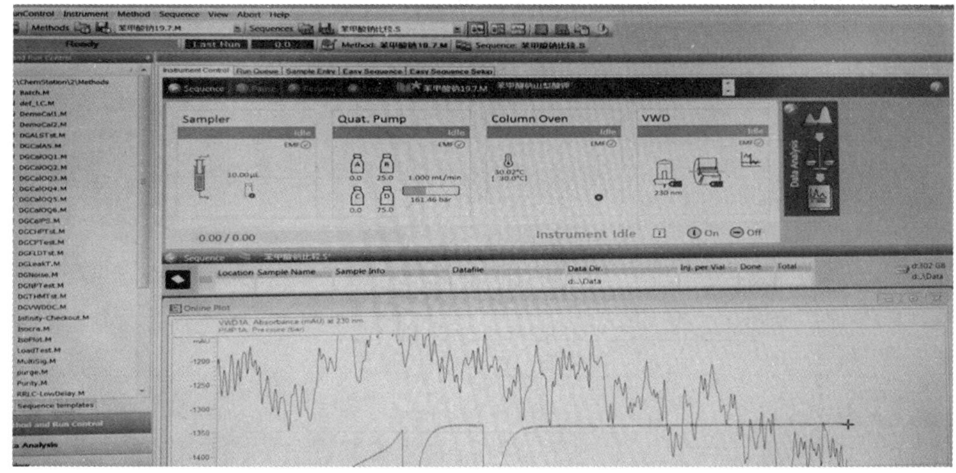

图 7-25　色谱图基线

2. 根据所学知识，查阅相关资料，设计对本实训分析方法进行方法验证的实验方案。每组选择代表描述工作过程，其他组提问并评价。

任务3　数据分析

任务要求

1. 能够使用离线工作站建立标准曲线、输出报告。⚠重点难点

2. 能够正确计算样品中苯甲酸钠含量，正确填写原始记录；能够对检测结果进行分析判断。⚠重点

3. 能够知道仪器日常维护和使用时的注意事项。⚠重点

任务导引

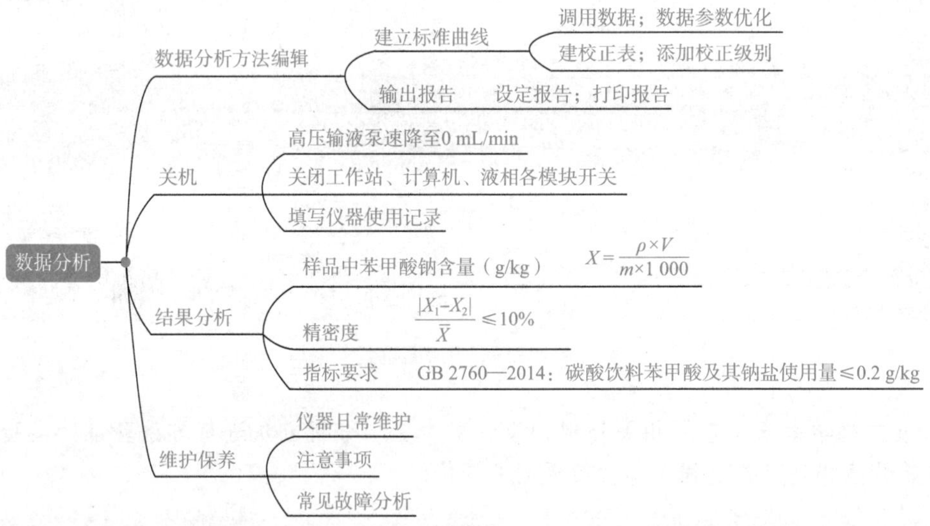

任务实施

安全小贴士

依次关闭各模块电源后，关闭稳压电源。

1. 数据分析方法编辑（表7–26）

表7–26　数据分析方法编辑

步骤	具体操作
调用数据	打开“离线工作站”，调出需要分析的数据文件
积分参数优化	单击“积分”，选择“自动积分”，“保存”积分参数存入方法
建立校正表	单击标准系列第一个水平，“校正”菜单，选择“新建校正表”，“含量”处填写对应浓度。删除无关的色谱峰信息，填写需要校正的化合物名称（　　　　）

二维码7–15
建立标准曲线

续表

<table>
<tr><th>步骤</th><th>具体操作</th></tr>
<tr><td>添加校正级别</td><td>依次选择标准系列的不同水平，在“校正”菜单栏“添加水平”，在“含量”处填写对应的浓度，然后保存数据方法</td></tr>
<tr><td>设定报告</td><td>在“报告”菜单栏，选择“设定报告”；在“报告设置”选项卡，“报告格式”选择“详细”；在“定量设置”选项卡，“定量方法”为“外标法”</td></tr>
<tr><td rowspan="2">打印报告</td><td>单击任一样品行，可直接打印样品报告；在“文件”菜单栏，选择“打印”，单击打印标准曲线</td></tr>
<tr><td>查看报告，标准曲线：$Y=$　　　　相关系数：$r=$
样品液中苯甲酸钠含量：$\rho_1=$　　　mg/L；$\rho_2=$　　　mg/L</td></tr>
</table>

二维码 7-16
输出报告

二维码 7-17
关机

2. 关机

实验结束，先将泵的流速逐步降到 0 mL/min，然后关闭工作站、计算机、液相各模块电源开关，填写仪器使用维护记录。

根据报告数据结果计算实验结果，并完成高效液相色谱原始记录表 7-27 的填写。

3. 结果计算

苯甲酸钠（以苯甲酸计）的含量按式（7-1）计算：

$$X=\frac{\rho\times V}{m\times 1\ 000} \tag{7-1}$$

式中　X——试样中苯甲酸钠的含量（g/kg）;

ρ——由标准曲线得出的试样液中苯甲酸钠的质量浓度（mg/L）;

V——试样定容体积（mL）（50 mL）;

m——试样质量（g）;

1 000——由 mg/kg 转换为 g/kg 的换算因子。

二维码 7-18
结果报告

计算结果保留三位有效数字。

（1）代入计算公式求样品苯甲酸钠的含量 X（g/kg）。

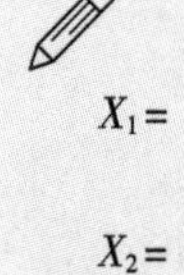

$X_1=$

$X_2=$

$\overline{X}=$

（2）精密度：平行测定值的绝对差值不超过平均值的 10%。

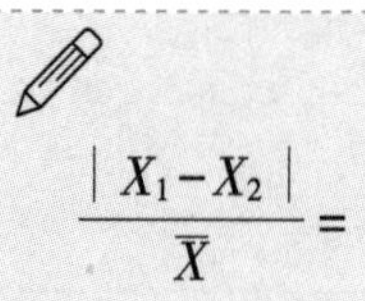

$\frac{|X_1-X_2|}{\overline{X}}=$

4. 结果判定

二维码 7-19
苯甲酸钠使用标准

经实验测定样品中苯甲酸钠含量为____ g/kg，________（符合 / 不符合）GB ________对碳酸饮料中最大使用量≤____ g/kg 的规定，判定单项检测结果为________。

表 7-27　高效液相色谱原始记录表

编号：

样品名称		样品编号		检测日期	
检测项目			检测依据		
检测地点		温度	℃	湿度	%
标准储备液	mg/L	编号：		标准工作液	mg/L

仪器设备：☐ YQ-　高效液相色谱　☐ YQ-　电子天平　☐ YQ-

色谱柱规格 / 型号：

流速：________mL/min；进样量：________μL；柱温：________℃；检测波长：________nm

检测器：☐ DAD　☐ VWD　☐其他：________________

标准曲线						
序号	0	1	2	3	4	5
标准系列（mg/L）						
峰面积						

曲线方程：　　相关性（r）：　　保留时间（min）：

样品检验记录			
项目	单位	平行样品	
		1	2
试样质量 m	g		
峰面积			
样液中待测物质量浓度 ρ	mg/L		
试样定容体积 V	mL		
试样中待测物含量 X	g/kg		
结果均值 $\overline{X}$	g/kg		

计算公式	$X=\dfrac{\rho\times V}{m\times 1\,000}$ 结果保留三位有效数字				
精密度要求	$\dfrac{\lvert X_1-X_2\rvert}{\overline{X}}\leqslant 10\%$	实际精密度		精密度判定	☐符合 ☐不符合
备注					
检测人		校核人		审核人	
日期		日期		日期	

评价反思

考核评价表见表 7–28。

表 7–28　考核评价表　　　　姓名：　　　　学号：

考核内容	考核技能点	配分	得分
学习态度	态度端正，课前自学准备充分	10	
标准曲线	打开离线工作站调出数据、积分	10	
	正确建立校正表，建立标准曲线	10	
设置报告	正确设置报告、输出检测数据报告	10	
数据处理	相关系数 $r \geq 0.9998$ 得 10 分；$0.9998 > r \geq 0.9995$ 得 7 分；$0.9995 > r \geq 0.9990$ 得 4 分；$r < 0.999$ 不得分	10	
	计算方法正确，有效数字保留正确	10	
	记录规范，报告清晰，结论正确	10	
关机	正确关机，填写仪器使用记录	10	
操作文明	处理废液洗涤器皿，整理工作台	10	
团队合作	善于沟通，积极与他人合作	10	
总分		100	

仪器维护

实验室大型精密仪器的正确维护和保养，对于延长仪器使用寿命，保证设备稳定性，以及检测结果准确性来说，是非常重要的。

二维码 7–20
仪器日常维护保养

1. 高效液相色谱仪日常维护（表 7–29）

表 7–29　高效液相色谱仪日常维护

项目	维护内容
器皿	器皿洁净；贮液器定期用酸、水和溶剂清洗
环境	室内应安装空调，保持清洁，注意防潮、防腐、防震
流动相	选择色谱纯，使用前必须抽滤和脱气；流动相不能损伤柱子性能； 流动相要及时更换，水、缓冲盐需保存棕色溶剂瓶中，且时间不大于 24 h； 乙腈常温下也会发生聚合反应，需保存在棕色溶剂瓶中，且时间不大于 1 周

续表

项目	维护内容
高压输液泵	使用前排气；使用后洗去泵中缓冲液
进样器	保持清洁，延长使用寿命；自动进样器的针头一旦弯曲应换上新针，不可手动弄直；样品瓶中的液体量不大于 1.5 mL
色谱柱	安装色谱柱使流动相能够按照色谱柱上箭头所指的方向流动；在要求的 pH 值和柱温范围内使用；长期不使用的色谱柱，用纯甲醇冲洗后“封存”
系统清洗	清洗管路及色谱柱，防止管路、脱气机及色谱柱的堵塞。 如果流动相是水和有机溶剂，则用流动相冲洗 20 倍的柱体积；如果流动相中含有盐溶液，则先用 90% 水 +10% 甲醇冲洗，再用 90% 甲醇 +10% 水冲洗

2. 高效液相色谱仪使用注意事项（表 7–30）

表 7–30　高效液相色谱仪使用注意事项

项目	注意内容
排气	打开 purge 阀，设置流速从 1 → 3 → 5，逐渐升到 5.0 mL/min，排气时间为 5 min / 管路。排气结束后，同理设置流速逐步降到 1.0 mL/min
过滤白头	对纯水管路排气，当流速为 5 mL/min 时，系统压力≥ 10 bar，则说明 purge 阀的过滤白头已经堵塞，需要更换新的过滤白头
流动相	流动相含缓冲盐，使用在线 Seal–wash 选项，用 10% 异丙醇冲洗，带走可能存在的缓冲盐结晶；将盐相或水相放在 A/D 下方的通道，将有机相放在 B/C 上方的通道
冲洗管路	定期用水冲洗所有的通道，以除去阀口上可能出现的盐沉淀。切忌用纯的乙腈去冲洗管路
采样停止时间	在泵位置，设置单个样品采集的“停止时间”，否则单个样品的采集会一直持续，影响下一次的自动进样

3. 常见故障分析（表 7–31）

表 7–31　高效液相色谱仪常见故障分析

故障现象	可能原因	排除方法
输液不稳，压力波动较大	1. 泵头内有气泡； 2. 管路漏液； 3. 管路阻塞	1. 排气阀排气泡； 2. 加固漏液处连接件；更换失效部分； 3. 清洗或更换管路
压力上升过高	1. 管路阻塞； 2. 在线过滤器阻塞； 3. 色谱柱阻塞	1. 找出阻塞部分处理； 2. 清洗或更换过滤器； 3. 更换色谱柱

续表

故障现象	可能原因	排除方法
柱压太高	1. 柱头被杂质阻塞； 2. 柱前过滤器阻塞； 3. 在线过滤器阻塞	1. 更换色谱柱；柱前加过滤器； 2. 清洗或更换过滤器，对溶剂和样品溶液进行过滤； 3. 清洗或更换在线过滤器
基线噪声	1. 检测器光源故障； 2. 液体泄漏； 3. 很小的气泡通过检测池	1. 检查灯设定状态；检查灯使用时间、灯能量、开启次数；更换灯； 2. 拧紧或更换连接件； 3. 流动相仔细脱气；系统测漏
基线漂移	1. 色谱柱污染或固定相流失； 2. 检测器温度变化； 3. 检测器光源故障； 4. 原流动相没有完全除去； 5. 溶剂贮存瓶污染	1. 更换色谱柱；使用保护柱； 2. 系统恒温； 3. 更换灯； 4. 用新流动相彻底冲洗系统； 5. 清洗贮液器，用新流动相平衡系统
负峰	1. 检测器输出信号极性不对； 2. 进样故障； 3. 使用的流动相不纯	1. 颠倒检测器输出信号接线； 2. 使用进样阀，确认进样期间样品环中无气泡； 3. 使用色谱纯流动相或对溶剂提纯

巩固习题

1. 处理好的 C_{18} 柱应保存在（　　）中。

A. 流动相　　B. 甲醇　　C. 乙腈

2. 用液相色谱法检测苯甲酸用到的检测器类型是（　　）。

A. 紫外检测器　　B. 荧光检测器　　C. 示差折光检测器

3. 分析时发现高效液相色谱仪（紫外检测器）基线噪声大，可能的原因有（　　）。（多选）

A. 系统内有气泡　　B. 流动相液体泄漏　　C. 检测器光源故障

4. 实验结束后用甲醇冲洗系统主要是为了（　　）。

A. 保护进样器　　B. 保护色谱柱　　C. 保护检测器

5. 下列说法错误的是（　　）。

A. 贮液器应定期用酸、水和溶剂清洗，最后一次清洗应选用色谱级的有机试剂或者水

B. 如果仪器条件允许，应使用在线定时清洗泵密封组件的系统，使用的清洗液是 10% 丙醇

C. 色谱柱应在要求的 pH 值范围和柱温范围内使用，应使用不损坏柱子的流动相

二维码 7-21
习题参考答案

小组讨论

1. 描述并操作如何调用工作站中的测试数据，完成积分和建立标准曲线，输出检测报告。

2. 设计检测方案：检测酱油产品中苯甲酸钠和山梨酸钾的含量。注意标准溶液的制备、样品制备、积分、标准曲线绘制等问题。

延伸阅读

高效液相色谱专家系统

高效液相色谱专家系统就是一个具有大量 HPLC 分析方法专门知识与专家实践经验相结合的计算机程序。它是把人工智能的研究方法与化学计量学中的一些数学算法相结合而发展起来的，专家系统设计通常包括知识库、谱图库、数据库、推理机和人机对话界面五个部分。

当用户使用专家系统去解决复杂样品分析的实际问题时，通常按照以下五个步骤进行。

第一步：样品分离模式的推荐，即首先选择用于分离的柱系统和流动相系统。

第二步：样品的预处理方法和检测器的选择。

第三步：色谱分离条件的最优化。

第四步：在线色谱峰的定性和定量分析。

第五步：液相色谱仪和专家系统运行过程的自行诊断。

由此可知，专家系统中的知识库、谱图库、数据库中的信息储存容量和推理机的人工智能化程度直接决定了专家系统的工作质量。

参考文献

［1］国家粮食局职业技能鉴定指导中心．粮油质量检验员［M］. 4 版．北京：中国轻工业出版社，2017.

［2］中华人民共和国国家质量监督检验检疫总局，中国国家标准化管理委员会．GB/T 27417—2017 合理评定 化学分析方法确认和验证指南［S］. 北京：中国标准出版社，2017.

［3］国家卫生健康委员会，国家市场监督管理总局．GB 2762—2022 食品安全国家标准食品中污染物限量［S］. 北京：中国标准出版社，2022.

［4］中华人民共和国卫生部，中国国家标准化管理委员会．GB/T 5009.1—2003 食品卫生检验方法 理化部分 总则［S］. 北京：中国标准出版社，2004.

［5］中华人民共和国国家卫生和计划生育委员会．GB 2760—2014 食品安全国家标准 食品添加剂使用标准［S］. 北京：中国标准出版社，2015.

［6］国家卫生健康委员会，农业农村部，国家市场监督管理总局．GB 2763—2021 食品安全国家标准 食品中农药最大残留限量［S］. 北京：中国标准出版社，2021.

［7］黄一石，吴朝华．仪器分析［M］.4 版．北京：化学工业出版社，2020.

［8］丁敬敏，吴朝华．仪器分析测试技术［M］. 北京：化学工业出版社，2011.

［9］夏玉宇．化验员实用手册［M］. 3 版．北京：化学工业出版社，2012.

［10］刘瑞雪．化验员习题集［M］. 3 版．北京：化学工业出版社，2021.

［11］李椿方．水中无机离子指标分析工作页［M］. 北京：化学工业出版社，2016.

［12］J.P. 哈雷．图解微生物实验指南［M］. 谢建平，等，译．北京：科学出版社，2012.

［13］食品伙伴网 http://foodmate.net/

［14］色谱学堂 http://www.chromclass.com/